WERKSTATTBÜCHER
FÜR BETRIEBSBEAMTE, KONSTRUKTEURE UND FACH-
ARBEITER. HERAUSGEBER DR.-ING. H. HAAKE VDI

HEFT 28

Das Löten

Von

Dr. W. Burstyn VDE

Berlin

Zweite, ergänzte Auflage

Mit 77 Abbildungen und
6 Tabellen im Text

Springer-Verlag Berlin Heidelberg GmbH

1940

ISBN 978-3-662-30680-2   ISBN 978-3-662-30751-9 (eBook)
DOI 10.1007/978-3-662-30751-9

Inhaltsverzeichnis.

	Seite
I. Begriff und Geschichte des Lötens	3
II. Allgemeines über das Löten	3
III. Werkstoffe	4
A. Die Metalle	4
B. Die Lote	7

        1. Allgemeines über Lote S. 7. — 2. Weichlote S. 7. a) Zinnbleilote S. 7. b) Lote mit besonders niedrigem Zinngehalt S. 11. c) Besonders leichtflüssige Lote S. 11. — 3. Hartlote S. 11.

C. Lötmittel	13

        1. Allgemeines S. 13. — 2. Lötmittel zum Weichlöten S. 14. — 3. Lötmittel zum Hartlöten S. 15. — 4. Lötmittel für Aluminium S. 15.

D. Brennstoffe	15
IV. Hilfsgeräte	16
A. Azetylenentwickler	16
B. Das Reduzierventil	16
C. Sicherheitsvorrichtungen	19
D. Druckluftquellen	19
V. Wärmequellen	19
A. Allgemeines	19
B. Das Holzkohlenfeuer	20
C. Die Flamme	20
D. Brenner für Leuchtgas	20

        1. Gebläseflamme S. 20. — 2. Bunsenbrenner S. 22. — 3. Flachbrenner S. 23.

E. Brenner für Wasserstoff	23

        1. Einfache Flamme S. 23. — 2. Bunsenbrenner S. 24. — 3. Gebläsebrenner S. 24.

F. Brenner für Azetylen	24

        1. Bunsenbrenner S. 24. — 2. Gebläsebrenner S. 24.

G. Lötlampen für flüssige Heizstoffe	25
VI. Lötkolben	26
A. Allgemeines	26
B. Lötkolben für periodische Heizung	29
C. Lötkolben für ununterbrochene Heizung	30

        1. Kolben für Leuchtgas S. 30. — 2. Kolben für Azetylen und Wasserstoff S. 31. — 3. Kolben für flüssige Brennstoffe S. 32. — 4. Elektrische Kolben S. 32.

VII. Lötbäder	34
VIII. Sonstige Lötwerkzeuge	34
IX. Das Löten	35
A. Weichlöten	35

        1. Vorbemerkungen S. 35. — 2. Vorbereitung der Lötstelle S. 36. — 3. Verzinnen S. 36. — 4. Tauchlöten S. 36. — 5. Das Löten mit dem Kolben S. 36. — 6. Das Löten mit der Flamme S. 37. — 7. Nachbehandlung der Lötstelle S. 38. — 8. Lötmaschinen S. 38. — 9. Metallographische Untersuchung S. 39.

B. Löten von Blei	39

        1. Weichlöten S. 39. — 2. Autogenes Löten S. 40.

C. Löten von Aluminium	41
D. Hartlöten	42

        1. Allgemeines S. 42. — 2. Löten im Schmiedefeuer S. 44. — 3. Löten mit der Flamme S. 44. — 4. Löten im Wanderofen S. 45. — 5. Löten durch Tauchen S. 46. — 6. Elektrisches Hartlöten S. 47. — 7. Verlöten von Schmuckwaren und ähnlichen Massenteilen S. 48.

Alle Rechte, insbesondere das der Übersetzung in fremde Sprachen, vorbehalten.
Printed in Germany.

I. Begriff und Geschichte des Lötens.

Unter „Löten" versteht man das Verbinden zweier Metallstücke durch ein geschmolzenes Metall, das nach dem Erstarren an den beiden Stücken haftet. Das Bindemetall bezeichnet man als „Lot", was eigentlich das alte deutsche Wort für Blei (englisch „lead") ist. Das Löten hat also große Ähnlichkeit mit dem Kitten durch Siegellack.

Ähnlich wie man eine gebrochene Siegellackstange durch Anschmelzen und Zusammendrücken der Enden wieder vereinigen kann, lassen sich auch zwei Stücke desselben Metalls „autogen" miteinander verbinden.

Das Löten ist eine sehr alte Kunst und wurde schon ausgeübt, bevor man das Eisen kannte. In Kärnten hat man ein keltisches Bronzeschwert (Alter etwa 1000 v. Chr.) gefunden, das nahe dem Hefte abgebrochen und mit einem etwas helleren Metall sauber wieder zusammengelötet war. Das Löten von Gold und Blei ist noch bedeutend älter und war schon den Ägyptern bekannt. Die Griechen und Römer verwendeten mit Längsnaht gelötete Bleiröhren für Wasserleitungen, wie sie in Pompeji noch zu sehen sind. Ein arabisches Buch aus dem 12. Jahrhundert beschreibt das Hart- und Weichlöten schon ungefähr mit denselben Mitteln, die jetzt noch gebräuchlich sind.

II. Allgemeines über das Löten.

Aus dem eingangs gegebenen Begriffe des Lötens folgt, daß das Lot leichter schmelzbar sein muß als die Metalle, die es verbinden soll. Schon daraus ergibt sich eine Einschränkung der zum Löten bestimmter Metalle verwendbaren Lote. Eine Ausnahme bildet das „autogene" Löten, bei dem auch das zu lötende Metall angeschmolzen wird und dieselbe oder fast dieselbe Zusammensetzung hat wie das Lot[1].

Eine weitere Auswahl folgt aus den Ansprüchen, denen die Haltbarkeit der Lötstelle genügen muß. Sie sind höher als bei einer Kittung, die in manchen Fällen die Lötung ersetzen kann. Unter Haltbarkeit ist nicht nur die eigentliche mechanische Festigkeit zu verstehen, sondern auch die Unempfindlichkeit gegen höhere Temperatur und vor allem gegenüber den im Laufe der Zeit erfolgenden chemischen Angriffen. Maßgebend ist ferner der Preis des Lotes sowie die Schnelligkeit und Bequemlichkeit, mit der sich die Arbeit ausführen läßt.

Ordnet man die gebräuchlichen Lote (von Aluminiumloten sei abgesehen) nach ihrem Schmelzpunkte, so ergibt sich eine Trennung in Weichlote, mit einem Schmelzpunkt unter dem des Bleies (325°), und Hartlote, deren keines unter 500° schmilzt. Die Kluft zwischen diesen beiden Gruppen berechtigt zu scharfer Trennung zwischen Weich- und Hartlöten.

Nicht alle Metalle besitzen die gleiche Lötbarkeit. Es wird behauptet, daß das Löten auf einer oberflächlichen Legierung beruhe, so daß die Frage der Lötbarkeit eines Metalls gleichbedeutend wäre mit der Frage, ob es sich mit dem Lote legieren lasse. Eine solche Legierung findet zwar in vielen Fällen statt, aber daß sie Bedingung sei, läßt sich nicht beweisen. Der Vergleich mit dem Kitten — man denke an das gute Halten von Siegellack an Glas oder Metall — spricht dagegen.

---

[1] „Schmelzschweißen": Siehe die Werkstattbücher Heft 13 und 43.

In fast allen Fällen muß man außer dem Lot auch noch ein Lötmittel auf die Lötstelle auftragen, das diese während des Lötvorganges chemisch reinigt.

Um die zum Löten erforderliche Hitze zu erzeugen, sind alle bekannten Wärmequellen mehr oder weniger geeignet. Die älteste ist das Kohlenfeuer. Am meisten verwendet werden die Flammen gasförmiger oder flüssiger Brennstoffe. Ihnen nahe steht das Thermitverfahren (S. 29). Im Gegensatz zu allen diesen auf Verbrennung beruhenden Wärmequellen liefert die elektrische Heizung Wärme ohne chemische Umwandlung. Die Flammen werden vielfach unmittelbar als Lötbrenner zum Anwärmen der Lötstelle benutzt. Das Weichlöten erfolgt jedoch mindestens ebenso häufig mittelbar durch Berührung der Lötstelle mit einem erhitzten Metallstücke, dem Lötkolben. In manchen Fällen lötet man durch Eintauchen der Gegenstände in ein Metallbad.

In den folgenden Abschnitten sollen zunächst die wichtigsten der beim Löten verwendeten Stoffe (Metalle, Lote, Lötmittel, Brennstoffe) beschrieben werden, dann die Wärmequellen und die mit ihnen betriebenen Werkzeuge, ferner die sonstigen Lötwerkzeuge, schließlich soll die eigentliche Arbeit des Lötens erläutert werden.

III. Werkstoffe.
A. Die Metalle.

In der nachstehenden Tabelle sind von den wichtigsten in der Technik vorkommenden Metallen einige Eigenschaften aufgeführt, die für das Löten von Bedeutung sind.

Es bezeichnet dabei:

l: leichtlöslich
s: schwerlöslich
u: unlöslich

1: in verdünnter Schwefelsäure
2: in konzentrierter Salzsäure
3: in verdünnter Salpetersäure
4: in konzentrierter Salpetersäure

Tabelle 1. Die für das Löten wichtigsten Metalle.

	Chem. Zeichen	Dichte	Schmelzpunkt Grad	1	2	3	4	Ausdehnungsbeiwert je Grad
Aluminium	Al	2,6	657	l	l	l	l	0,000023
Blei	Pb	11,4	327	u	u	s	l	0,000028
Gold	Au	19,3	1063	u	u	u	u	0,000015
Gold 585/1000	—	versch.	900	u	u	u	u	
Gold 800/1000	—	versch.	880	u	u	u	u	
Gußeisen	—	versch.	versch.	l	l	l	s	0,000011
Kadmium	Cd	8,6	322	s	l	l	l	0,000031
Kupfer	Cu	8,9	1084	u	u	l	l	0,000017
Lötzinn (65% Zinn)	—	8,3	182	u	u	s	l	0,000025
Magnesium	Mg	1,74	633	l	l	l	l	0,000027
Messing	—	etwa 8,5	versch.	u	u	l	l	0,000019
Neusilber	—	8,5	versch.	u	u	s	l	0,000018
Nickel	Ni	8,9	1484	s	s	l	l	0,000013
Platin	Pt	21,5	1780	u	u	u	u	0,000009
Stahl (schm. Eisen)	—	7,9	1550	l	l	l	u	0,000012
Silber	Ag	10,5	961	u	u	l	l	0,000019
Wismuth	Bi	9,8	267	u	u	l	l	0,000013
Wolfram	W	19,1	3400	u	s	u	s	0,000005
Zink	Zn	7,1	419	l	l	l	l	0,000030
Zinn	Sn	7,3	232	s	s	s	l	0,000023

Aluminium ist eigentlich ein sehr leicht verbrennbares Metall. Es schützt sich aber vor Oxydation dadurch, daß die unsichtbar dünne Oxydhaut, die sich

Die Metalle.

sofort nach Herstellung einer frischen Oberfläche bildet, den weiteren Angriff des Luftsauerstoffes verhindert. Das gleiche findet bei Magnesium und in geringem Grade auch bei Zink und vielen anderen Metallen statt. Das gegossene Aluminium ist meist mit Zink, etwas Kupfer und auch wohl Silizium legiert. Neuere Aluminiumlegierungen, denen durch besondere Wärmebehandlung große Festigkeit gegeben wird, sind Duralumin und Lautal. Noch andere Legierungen zeichnen sich durch Unempfindlichkeit gegen Seewasser aus, von dem gewöhnliches Aluminium ziemlich stark angegriffen wird.

Blei wird an der Luft unansehnlich grau. Säuren, auch organische, greifen es leicht an. Die entstehenden Verbindungen sind giftig (Bleikolik). Aus diesem Grunde sind z. B. Bleirohre für Wasserleitungen meistens innen verzinnt. Bleiarbeiter müssen besonders reinlich sein und sich vor dem Essen sorgfältig die Hände waschen. Zinngegenstände, die mit Speisen u. dgl. in Berührung kommen, dürfen nicht mehr als 10% Blei enthalten. — Zusatz von Arsen (Jagdschrot) oder Antimon macht das Blei härter.

Chrom ist ein sehr hartes, chemisch sehr widerstandsfähiges, blauweißes Metall. Es wird, abgesehen von Legierungen, nur zum Verchromen benutzt.

Eisen enthält fast immer mehr oder weniger Kohlenstoff, und zwar Schmiedeeisen und Maschinenstahl (Flußstahl) bis etwa 0,6%, Werkzeugstahl bis 1,6%, Gußeisen 2,3 bis 4%. Der in der Tabelle angegebene Schmelzpunkt gilt für reines Eisen; Gußeisen schmilzt beträchtlich niedriger. Unter den vielen Legierungen von Stahl mit Nickel, Chrom, Wolfram und anderen Metallen — man bezeichnet sie zusammenfassend als „Edelstahl" — gibt es auch solche, die sich ganz anders verhalten als gewöhnlicher Stahl. So ist z. B. Stahl mit hohem Nickelgehalt (30 bis 40%) unmagnetisch und fast ohne Wärmeausdehnung (Invarstahl). Stahl mit hohem Chromgehalt (12 bis 16%) mit oder ohne etwas Nickel rostet nicht (Nirosta u. dgl.), ist überhaupt sehr widerstandsfähig gegen chemische Angriffe, während gehärteter Stahl mit 14 bis 20% Wolfram und etwas Chrom (Schnellstahl) auch rotglühend noch so hart bleibt, daß er Stahl und andere Metalle schneiden kann. Nach dem Härten wird Stahl „angelassen". Blanke Oberflächen erhalten dabei eine Anlaßfarbe, die bei 225° blaßgelb ist, bei 245° dunkelgelb, bei 250° purpur, bei 265° violett, bei 290° hellblau, bei 315° dunkelblau wird, bei noch höherer Temperatur verschwindet. Diese Anlaßfarben können gelegentlich zur rohen Temperaturmessung dienen.

Gold ist in reinem Zustande sehr weich; durch Legieren mit Kupfer, Silber oder beiden gewinnt es bedeutend an Härte. Die meist gebräuchliche Legierung von 14 Karat (1000 Gewichtsteile enthalten 585 Teile Feingold) ist fast so hart und elastisch wie weicher Stahl.

Kadmium ist dem Zink im Aussehen und chemischen Verhalten sehr ähnlich, aber widerstandsfähiger. Es wird zu Legierungen und zu rostverhütenden galvanischen Überzügen gebraucht.

Kupfer ist in reinstem Zustande („Elektrolyt-Kupfer") besonders für die Elektrotechnik als nach dem Silber bester Elektrizitätsleiter von Bedeutung. Durch verhältnismäßig geringen Zusatz von Zinn, Zink oder Aluminium (neuerdings auch Beryllium) verliert es seine Weichheit und rote Farbe und gibt dann die gelben, harten Bronzen bzw. Rotguß und Messing. Zusatz von wenig Eisen macht diese Legierungen noch bedeutend härter und besonders schlecht feilbar (Sonderbronzen). Kupferverbindungen sind giftig, weshalb Kupfergeschirre verzinnt werden.

Magnesium wird, mit ein wenig Aluminium und Zink legiert, unter dem Namen Elektron an Stelle von Aluminium verwendet, verlangt aber etwas andere Bearbeitungsweise. — **Magnalium** ist eine Legierung von Magnesium und Aluminium und bedeutend fester als beide.

Messing besteht aus etwa $^2/_3$ Kupfer und $^1/_3$ Zink. Es ist im allgemeinen um so zäher, je mehr Kupfer es enthält. Durch Walzen, Ziehen oder Hämmern wird gutes Messing federhart, durch Ausglühen wieder weich. Drähte und Bleche sind „hart" und „weich" erhältlich.

Neusilber ist eine den Chinesen schon lange bekannte Legierung aus Nickel, Kupfer und Zink. Argentan und Packfong sind Arten von Neusilber. Ähnliche Legierungen (wie Rheotan und Konstantan) dienen in Form von Drähten und Blechen als Werkstoff für elektrische Widerstände.

Nickel ist in reinem Zustande magnetisch, doch schwächer als Eisen. Unlegiert wird es für Kochgefäße benutzt, ist aber gesundheitlich nicht ganz unbedenklich. Mit Chrom und Eisen legiert, bildet es als „Chromnickel" den besten Werkstoff für hochbeanspruchte Heizwiderstände von elektrischen Öfen, für Glühkästen, Kocher, Plätteisen usw.

Platin, rein und mit dem härtenden Iridium legiert, dient in der Elektrotechnik für Kontakte; seines hohen Preises wegen wird es nach Möglichkeit durch Silber, Wolfram usw. ersetzt. Als Draht, rein und mit Rhodium legiert, dient es für die Thermoelemente von Pyrometern.

Silber für Gebrauchsgegenstände besitzt meist einen Feingehalt von 800 Tausendstel, der Rest ist Kupfer, da es rein zu weich ist. An der Luft erhält es eine bräunliche Anlauffarbe. Sie rührt nicht von Oxydation her, sondern besteht aus Schwefelsilber, dessen Schwefel von den in bewohnten Räumen immer vorhandenen Spuren von Schwefelwasserstoff stammt. Noch stärker wirkt Berührung mit schwefelhaltigen Körpern, wie Kautschuk. Auch Kupfer und seine Legierungen sowie in geringerem Grade Gold sind auf Schwefel empfindlich.

Wismut dient nur zu Legierungen.

Wolfram, ein sehr hartes Metall, bildet den Glühfaden der Metalldrahtlampen und elektrischen Kathodenröhren. Ferner wird es für elektrische Kontakte benutzt und zum Legieren von Stahl, kann im letzteren Falle auch teilweise durch Molybdän ersetzt werden.

Zink, häufig mit Zinn verwechselt, ist gegen die Witterung ziemlich beständig. Eisen wird zum Schutz gegen Rosten damit überzogen, und zwar geschieht das Verzinken entweder durch Tauchen in flüssiges Zink (Feuerverzinkung) oder galvanisch. Nach letzterem Verfahren ist der Überzug viel dünner und blättert beim Biegen nicht so leicht ab, hält aber wegen seiner geringen Dicke gegen Wetter und Abnutzung nicht so lange stand. Wenn der Zinküberzug durch Kratzer an schmalen Stellen zerstört ist, tritt an diesen dennoch kein Rost auf. Im Gegensatz dazu wird jede solche Stelle bei verbleitem, verzinntem oder verkupfertem Eisen besonders stark angegriffen. Es liegt dies an den elektrischen Eigenschaften der Metalle. — Zink wird bei ungefähr 100° fast so weich wie Blei, beim Erkalten wieder hart. (Reines Aluminium zeigt bei 200° in geringem Maße ein ähnliches Verhalten.)

Zinn ist fast als edles Metall zu bezeichnen. Es hat aber die Eigenschaft, manchmal, und zwar wenn es lange kalt lagert, von der „Zinnpest" befallen zu werden. Dabei bilden sich Stellen, die zu feinem Staub zerfallen und Löcher zurücklassen. Der Vorgang beruht auf einer Umwandlung des gewöhnlichen Zinns in eine andere Form, die ein graues, erdiges Pulver darstellt. Oberhalb 20° ist die erste, darunter die zweite Form beständig. Die sehr langsam vor sich gehende Umwandlung beginnt aber sogar bei 0° gewöhnlich nicht von selbst, wohl aber durch Berührung mit befallenem Zinn oder gewissen Chemikalien. —

Das Normblatt DIN 1704 führt vier Sorten Zinn von 99,75%, 99,5%, 99% und 98% Feingehalt auf. Der Eisengehalt darf bei den beiden ersten Sorten nicht über 0,015%, bei den beiden letzten nicht über 0,025% betragen. Von Zink und Aluminium muß das Zinn völlig frei sein. — Von Blei ist Zinn, namentlich wenn es legiert ist, nicht ganz leicht zu unterscheiden, am besten noch nach der Dichte (Tabelle 1).

B. Die Lote.

1. Allgemeines über Lote. Von einem Weichlote wird verlangt, daß es leicht schmelzbar sei, damit man es bequem verarbeiten und mit ihm auch leicht schmelzbare Metalle löten kann; ferner daß es biegsam sei, damit es den Biegungen der damit gelöteten Bleche oder Drähte folgt, ohne zu brechen oder abzublättern. Alle Metalle, die diesen Anforderungen genügen, besitzen aber eine geringe Zug- und Druckfestigkeit. Vom mechanischen Standpunkte aus sind daher die Weichlote nur wie biegsame Kitte zu betrachten; auf Festigkeit sollen sie möglichst nicht beansprucht werden.

Hartlote hingegen dienen zum Löten schwerer schmelzbarer Metalle, wenn von der Lötstelle angenähert die gleiche Widerstandsfähigkeit verlangt wird wie vom übrigen Stück. Dies gilt vor allem vom Widerstande gegen mechanische Beanspruchung, oft auch von der Widerstandsfähigkeit gegen höhere Temperaturen oder gegen chemische Einflüsse.

2. Weichlote. a) Zinnbleilote. Das gewöhnliche Weichlot ist eine Legierung von Zinn und Blei. Legierungen besitzen häufig einen niedrigeren Schmelzpunkt als die einzelnen Bestandteile; es gibt dann eine bestimmte Legierung, die am leichtesten schmilzt. Dies ist der Fall bei einer Mischung von 65% Zinn und 35% Blei, dem sog. Sickerlote, dessen Schmelzpunkt bei 182° liegt. Legierungen, die mehr Blei oder mehr Zinn enthalten, haben einen unscharfen Schmelzpunkt, der zwischen 182° und dem der reinen Metalle liegt.

Die Verhältnisse sind aber nicht ganz so einfach. Wir müssen sie näher betrachten, um die Eigenschaften des Weichlots zu verstehen.

Wenn man ein Stück Kupfer auf z. B. 400° erhitzt und dann seine Abkühlung mit dem Thermometer verfolgt, so zeigt sich, daß seine Übertemperatur, d. h.

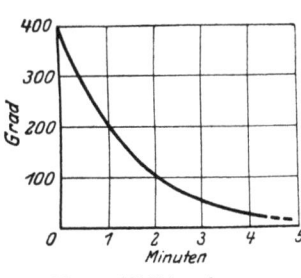

Abb. 1. Abkühlungskurve für Kupfer.

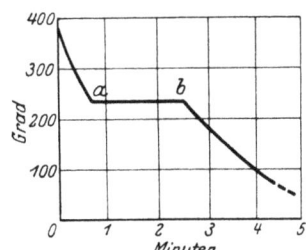

Abb. 2. Abkühlungskurve von geschmolzenem Zinn.

der Unterschied zwischen seiner Temperatur und der der Umgebung, in gleichen Zeiten um gleiche Bruchteile sinkt, also z. B. gemäß der Kurve Abb. 1 in jeder Minute auf die Hälfte[1]. Macht man den gleichen Versuch mit einem Tiegel voll geschmolzenem Zinn, so verläuft die Kurve (Abb. 2) anfangs ebenso wie in dem

---

[1] Die Temperatur der Umgebung ist zu 0° angenommen.

ersten Falle; bei $a = 232^0$, dem Schmelzpunkt des Zinns, bekommt sie aber einen Knick, das Thermometer bleibt einige Zeit auf dieser Temperatur stehen bis b, und dann setzt sich die unterbrochene Kurve wieder fort. Punkt a der Kurve bedeutet den Anfang des Erstarrens des Zinns, Punkt b die beendete Erstarrung der ganzen Masse. Denselben Charakter zeigt die Abkühlungskurve von Sickerlot (und jeder einfachen Flüssigkeit, z. B. des Wassers). Beobachtet man aber z. B.

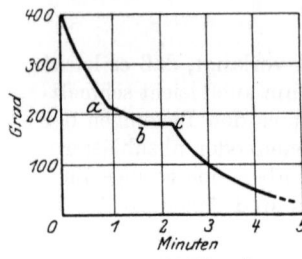

Abb. 3. Abkühlungskurve eines Bleizinnlotes.

ein Lot aus gleichen Teilen Zinn und Blei, so findet man eine Kurve (Abb. 3), die anfangs wie die der Abb. 2 verläuft, aber bei $a = 220^0$ etwas flacher wird, von b bis c bei 182^0 ein waagerechtes Stück besitzt und dann wieder regelmäßig verläuft. Zugleich kann man beobachten, daß schon bei a sich Krusten abzusetzen beginnen und die Masse breiig wird, daß sie aber erst am Ende des waagerechten Kurvenstückes bei c ganz erstarrt. Eine nähere Untersuchung zeigt, daß das zuerst abgeschiedene feste Metall aus nahezu reinem Blei besteht. Sondert man die bei 182^0 noch vorhandene Flüssigkeit durch Abgießen oder Auspressen ab, so erweist sie sich als Sickerlot, woher dieses auch seinen Namen hat. Aus der ganzen Mischung ist also zunächst so viel reines Blei erstarrt, bis der Rest die Zusammensetzung von Sickerlot erreicht hat, und danach gefriert auch dieses. Umgekehrt scheidet sich bei Mischungen, die mehr Zinn als das Sickerlot enthalten, zunächst Zinn aus. Das Sickerlot verhält sich also wie ein einfaches Metall. Man bezeichnet eine derartige Mischung mit einem griechischen Worte als „Eutektikum" (= wohlgebaut).

Aus diesen Beobachtungen ergeben sich folgende Regeln:

1. Will man ein Weichlot erhalten, das die Eigenschaft eines einfachen Metalls besitzt, also einen scharfen Schmelzpunkt aufweist und sich beim langsamen Erkalten nicht in verschiedene Bestandteile zerlegt (seigert), so ist man auf Sickerlot angewiesen. 2. Sickerlot hat den Vorteil des niedrigsten Schmelzpunktes. Bezüglich der Widerstandsfähigkeit gegen Wärme hat es aber keinen Zweck, ein Lot mit höherem Schmelzpunkte zu benutzen, da die Brüchigkeit dieser Lote doch schon bald über 180^0 beginnt, sofern man nicht nahezu reines Zinn oder Blei nimmt. 3. Verwendet man nicht Sickerlot, so muß man die Lotstange beim Gießen rasch abkühlen, damit sie keine ungleichmäßige Zusammensetzung erhält[1]. 4. Will man ein Weichlot erhalten, das ähnlich wie Wachs einen unscharfen Schmelzpunkt besitzt und sich daher im breiigen Zustande modellieren („schmieren") läßt, so darf man nicht Sickerlot benutzen, sondern muß blei- oder zinnreiche Legierungen, aber auch nicht etwa reines Blei oder Zinn verwenden.

Erstarrungspunkte (Beginn der Erstarrung!) und Dichte der Bleizinnlegierungen gibt die Tabelle 2.

Tabelle 2. Erstarrungstemperaturen der Bleizinnlegierungen.

Zinn %	Erstarrungs-punkt Grad	Dichte
0	326	11,4
10	300	10,7
20	280	10,2
30	262	9,7
40	240	9,3
50	220	8,9
60	190	8,5
70	185	8,2
80	200	7,85
90	220	7,56
100	232	7,3

Die Erstarrungspunkte, in Abhängigkeit vom Zinngehalte als Kurve aufgetragen, ergeben das „Erstarrungsdiagramm", Abb. 4. Die Kurve besteht aus

---

[1] Aus demselben Grunde ist auch ein Abschrecken der Lötstellen meist zu empfehlen.

zwei aneinanderstoßenden, fast geraden Ästen, deren tiefster Punkt der eutektischen Mischung entspricht[1].
Sehr genau sind die Zahlen für die Erstarrungspunkte nicht zu bestimmen.
Das meist verwendete Weichlot enthält 50% Zinn, da es wesentlich billiger ist als Sickerlot und noch gute Eigenschaften besitzt. Lote mit noch höherem Bleigehalt verarbeiten sich merklich schlechter wegen der leichteren Oxydierbarkeit und des höheren Schmelzpunktes von Blei. Zum Verzinnen und Löten von Metallen, die mit Speisen in Berührung kommen, darf nur Zinn mit höchstens 10% Blei benutzt werden.

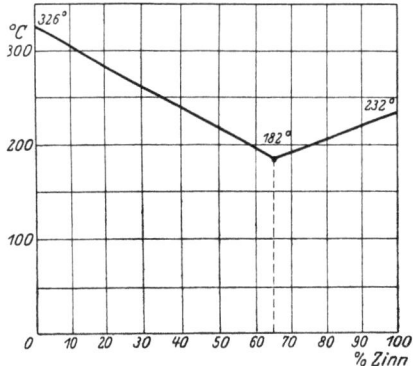

Abb. 4. Erstarrungsdiagramm der Bleizinnlegierungen.

Legierungen sind im allgemeinen härter, als nach ihrer Zusammensetzung zu erwarten wäre, und häufig härter als jeder ihrer Bestandteile. Messing ist z. B. härter als Kupfer und Zink. Für Zinn-Blei liegt die größte Härte bei 80 bis 90% Zinn, doch ist sie auch bei 50% Zinn nicht viel geringer.

Die Zusammensetzung eines Weichlots kann nach Tabelle 2 aus den Erstarrungspunkten oder aus der Dichte bestimmt werden. Indessen versagen beide Verfahren, wenn fremde Metalle beigemischt sind; dann muß eine chemische Untersuchung vorgenommen werden. Ein bekanntes Prüfmittel ist auch das Biegen einer Lötstange: Bei reinem Zinn hört man dabei infolge des Aneinanderreibens der Metallkristalle ein einige Schritte weit vernehmbares Knistern, das „Zinngeschrei". Es wird um so schwächer, je bleireicher die Legierung ist. Bei 50% ist nur mehr ein ganz leises Rauschen dicht am Ohre vernehmbar. Manche Praktiker machen dieselbe Probe, indem sie in das Metall beißen.

Für Lötzinn gilt nach dem Normblatt DIN 1707 das in Tabelle 3, S. 10 erwähnte.

Wenn man Weichlot durch Zusammenschmelzen abgewogener Mengen von Zinn und Blei herstellen will, soll man erst das leichtflüssigere Zinn schmelzen und dann das Blei zufügen. Dabei muß man anfangs bis über den Schmelzpunkt des Zinns erhitzen und hat leicht Verlust durch Oxydation. Besser ist es daher, erst Reste von Weichlot der gewünschten Zusammensetzung in einem Tiegel oder einer eisernen Pfanne unter einer Schicht von Kolophonium zu schmelzen und dann das abgewogene Zinn und Blei abwechselnd zuzufügen, die sich in dem bereits geschmolzenem Metalle leicht lösen. — Bei Verwendung von Altmetallen ist Vorsicht geboten. Altes Zinngeschirr ist meist ziemlich reines Zinn. Tuben, sofern sie nicht aus Aluminium sind, bestehen entweder aus 90% Zinn (die meisten Tuben für Salben, Zahnpasten u. dgl.) oder aus reinem Blei (Farbtuben u. dgl.). Zinnfolie (Stanniol) ist unverläßlich. Aus reinem Blei bestehen die Plomben und Wasserleitungsrohre. Jagdschrot, die meisten Bleisoldaten, Kunstguß (besonders die japanischen Zinngüsse) usw. erhalten einen härtenden Zusatz von Arsen oder

---

[1] Wenn man zwei oder mehr ineinander lösliche Metalle (auch Salzschmelzen oder andere Flüssigkeiten) miteinander mischt, läßt sich in der Regel ein bestimmtes Mischungsverhältnis finden, das eine eutektische Lösung mit dem niedrigsten Schmelzpunkte ergibt.
Die Erstarrungsdiagramme sind aber keineswegs immer so einfach. Selbst bei Mischungen von nur zwei Körpern können auch zwei oder mehr Eutektika mit verschiedenen Schmelzpunkten auftreten.

Werkstoffe.

Tabelle 3. Lötzinn (DIN 1707).

Das Lötzinn wird nach den Zinngehalten bezeichnet. Genormt werden nur Zinn-Blei-Lote, nicht dagegen Lote, die aus Blei mit anderen Stoffen: Antimon, Quecksilber, Wismut u. dgl. bestehen.
Die Bezeichnung ist einzugießen oder aufzuschlagen.

Benennung	Kurz-zeichen	Zusammensetzung %		Verwendung
		Sn	Pb [1]	
Lötzinn 25	SnL 25	25	75	Für Flammenlötung (für Kolbenlötung nicht geeignet)
Lötzinn 30	SnL 30	30	70	Bau- und grobe Klempnerarbeit
Lötzinn 33	SnL 33	33	67	Zinkbleche und verzinkte Bleche
Lötzinn 40	SnL 40	40	60	Messing- und Weißblechlötung
Lötzinn 50	SnL 50	50	50	Messing- und Weißblechlötung für Elektrizitätszähler, Gasmesser und Konservenindustrie[2]
Lötzinn 60	SnL 60	60	40	Lot für leichtschmelzende Metallgegenstände; feine Lötungen, z. B. in der Elektroindustrie
Lötzinn 90	SbL 90	90	10	Besondere, durch gesundheitliche Rücksichten bedingte Anwendungen

Die Zusammensetzung von Außenloten unterliegt keinen gesetzlichen Bestimmungen.
Zulässige Abweichung im Zinngehalt: ± 0,5 % vom Zinngehalt.
Verunreinigungen: Das Lötzinn soll technisch frei sein von fremden schädlichen Bestandteilen, insbesondere von Zink, Eisen, Arsen.
Lieferart: In Blöcken, Platten oder Stangen nach Gewicht.
Bezeichnung von Lötzinn mit 50 % Zinn: SnL 50 DIN 1707.

Antimon und sind ungeeignet, weil das Lot davon spröde wird. 1 bis 2 % Antimon werden aber meist zugelassen. — Es empfiehlt sich, erst Zinn und Blei getrennt auszuschmelzen, und zwar zum Schutze gegen Oxydation unter einer Decke von Salmiak und Holzkohlenpulver. Lack, anklebendes Papier u. dgl. braucht man nicht erst zu entfernen. Man gießt den Inhalt der Pfanne so aus (z. B. in Wasser), daß sich das Metall von den Schlacken trennt. Die Metalle untersucht man dann auf Reinheit, z. B. indem man mit Proben reiner Metalle vergleicht, beim Zinn das Zinngeschrei, beim Blei die Weichheit.

Wenn man eiserne Gußformen nicht besitzt, so kann man das Lot vorsichtig und langsam von der Pfanne auf eine schräg gestellte Platte aus Stein oder Metall (breite Feile) gießen, mit der Pfanne folgend, bis die entstehenden Zungen das untere Ende erreicht haben. Man kann diese noch nach Bedarf auswalzen oder aushämmern und mit der Schere zu schmalen Streifen schneiden. Um für feine Lötungen dünne Stückchen von Lot zu erhalten, ist es am bequemsten, das Ende einer Lotstange in die Flamme zu halten und davon, nicht zu hoch, auf eine Unterlage abtropfen zu lassen. Die Tropfen werden zu dünnen Scheibchen.

Das Weichlot kommt meist in halbrunden oder dreieckigen Stangen von etwa $1/2$ cm² Querschnitt in den Handel und wird so von den Klempnern benutzt. Es ist aber auch in Form dünner Drähte und unregelmäßiger Bänder käuflich.

---

[1] Antimongehalt. Als Vorlegierung zur Herstellung von Lötzinn wird in der Regel „Mischzinn" verwendet, das aus 54,5 % Zinn, 3,6 % Antimon und 41,9 % Blei besteht. Ea darf daher im Lötzinn Antimon höchstens im Verhältnis von 3,6 : 54,5 zum Zinn enthalten sein. Ein geringerer Gehalt an Antimon oder Antimonfreiheit muß, wenn gewünscht, besonders ausbedungen werden.

[2] Die Herstellung der Konservendosen findet gegenwärtig meist in der Weise statt, daß die Lötung unter Anbringung eines Falzes an der Außenseite vorgenommen wird.

Über Lot in Verbindung mit Lötmitteln in Stangen- und Pastenform siehe S. 14.

b) **Lote mit besonders niedrigem Zinngehalt**[1]. Für das Löten von Zinkblech, verzinktem Stahlblech und Blei darf zwecks Ersparnis von Zinn nur ein Lot mit höchstens 15% Zinngehalt verwendet werden. Dieses wird erst bei 270 bis 280° völlig flüssig. Der Lötkolben muß daher, weil er mehr Wärme abgeben muß, größer gewählt und stärker erwärmt werden. Wie unter a) erläutert wurde, liegt der Erstarrungspunkt der Zinnbleilote (zugleich Beginn des Schmelzens beim Erwärmen) bei 182°. Deshalb müssen die zu lötenden Stücke gut festgelegt, festgeklemmt oder belastet, und die Klemmvorrichtung oder Last darf erst entfernt werden, wenn sich die Lötstelle auch im Innern unter 182° abgekühlt hat.

c) **Besonders leichtflüssige Lote.** Manchmal benötigt man Lote von besonders tiefem Schmelzpunkte, so z. B. wenn man dünne Zinngegenstände zu löten hat oder wenn das Lot als Temperatursicherung dienen soll, wie bei Feuermeldern und gewissen elektrischen Apparaten. Solche Lote werden durch Zusatz von Wismut, Kadmium oder beiden zu Blei und Zinn hergestellt (Tabelle 4). Sie sind spröder als reine Blei-Zinn-Lote, namentlich wenn sie viel Wismut enthalten. Es gilt auch hier die Regel, daß die Legierungen mit dem tiefsten Schmelzpunkte nicht seigern.

Tabelle 4. Schmelzpunkt leichtflüssiger Legierungen.

	Zinn %	Blei %	Wismut %	Kadmium %	Schmelzpunkt etwa
Roses Metall	15,5	32,5	52	—	96°
	25	25	50	—	110°
	20	20	60	—	121°
	50	25	—	25	150°
Woods Metall	13	26	48	13	70°
Lipowitz' Metall	13,3	26,7	50	10	60°

Auch durch Zusatz von Quecksilber kann man den Schmelzpunkt von Loten erniedrigen, doch sind diese Legierungen besonders spröde.

3. **Hartlote.** Als Hartlot ist eigentlich jedes Metall brauchbar, das leichter schmelzbar ist als die zu lötenden Metalle, und das sonst keine störenden Eigenschaften besitzt. Es läßt sich also Eisen mit Kupfer, Neusilber mit Messing, Platin mit Gold usw. löten. Oft werden aber gewisse Ansprüche gestellt, die zu einer sorgfältigen Wahl des Lotes zwingen: Das Lot soll sich trotz seinem niedrigen Schmelzpunkte mit dem Gegenstande zusammen hämmern oder walzen lassen; oder es soll die gleiche Farbe wie der Gegenstand aufweisen; oder es soll besonders leichtflüssig sein, damit man den Gegenstand beim Löten nicht zu hoch erhitzen muß. In vielen Fällen kann man alle diese Bedingungen zugleich dadurch erfüllen, daß man das Lot durch Legieren des zu lötenden Metalls mit einer möglichst geringen Menge eines leichter schmelzenden Metalls herstellt. Meistens dient Zink dazu, und viele Lote für Kupfer, Messing und Silber sind so zusammengesetzt. Diese Lote werden (angeblich weil die Lötstelle Hämmern verträgt) auch als „Schlaglote" bezeichnet. Verwendet werden die Lote in Form von Pulver, Körnern, Blechstreifen oder Drähten.

---

[1] Vgl. Maschinenbau Bd. 17 (1938), Heft 3/4, S. 77.

Die „Deutschen Normen" machen folgende Angaben über „Hartlote":
Tabelle 5. Schlaglot (DIN 1711).

Benennung	Kurzzeichen	Zusammensetzung %		Schmelz- punkt °C	Verwendung
		Cu	Zn		
Schlaglot 42	MsL 42	42	Rest	820	Lötung von Messing mit mehr als 60 % Cu
Schlaglot 45	MsL 45	45	Rest	835	2. und 3. Lötung von Messing mit 67 % Cu aufwärts
Schlaglot 51	MsL 51	51	Rest	850	Lötung von Kupferlegierungen mit 68 % und mehr
Schlaglot 54	MsL 54	54	Rest	875	Wie MsL 51 und für Kupfer-, Rotguß, Bronze, Eisen, Bandsägen

Für den Kupfer- und den Zinkgehalt ist eine Abweichung von ± 1 % zulässig.
Lieferart: In Körnern. Bezeichnung von Schlaglot mit 42 % Kupfer: MsL 42 DIN 1711.

Tabelle 6. Silberlot (DIN 1710).
Die Bezeichnung ist bei Streifenlot aufzuschlagen.

Benennung	Kurz- zeichen	Zusammensetzung %			Schmelz- punkt °C	Lieferart	Verwendung
		Cu.	Zn	Ag			
Silberlot 4	AgL 4	50	46	4	855	Körner	Lötung von Messing mit 58 % und mehr Cu; für feinere Arbeiten, wenn eine saubere Lötstelle ohne viel Nacharbeit erreicht werden soll, sowie für Lötung von Kupfer- und Bronzestücken
Silberlot 9	AgL 9	43	48	9	820		
Silberlot 12	AgL 12	36	52	12	785		
Silberlot 8	AgL 8	50	42	8	830	Streifen (Stecklot)	
Silberlot 25	AgL 25	40	35	25	765		
Silberlot 45	AgL 45	30	25	45	720		

Für den Kupfer- und den Zinkgehalt ist eine Abweichung von ± 1 % zulässig; der Silbergehalt darf dadurch keine Verringerung erfahren.
Bei Bestellung ist stets anzugeben, ob das Lot in Körnern oder in Streifen geliefert werden soll. Bezeichnung von Silberlot mit 4 % Silber in Körnern: AgL 4 DIN 1719 Körner.

Alle diese Lote sind nicht nur für Messing, sondern auch für Kupfer, Eisen und Stahl, die Silberlote auch für Neusilber und Silber verwendbar.

Für Schlaglote gibt es noch zahlreiche ähnliche Rezepte, zum Teil unter Anwendung von Blei und Zinn. Mit letzterem (z. B. 12 Teile Messing, 4 Teile Zink, 1 bis 4 Teile Zinn) erhält man mehr oder weniger weiße, etwas leichter schmelzbare Lote. Solche Legierungen sind aber weniger fest und spröder als die oben angeführten, und es ist im allgemeinen nicht ratsam, von der genormten Reihe abzuweichen.

Will man solche Lote selbst herstellen, so geht man zweckmäßig von Messing aus. Man soll Blech oder Draht, nicht Stangen oder Guß verwenden und kann den Kupfergehalt mit 65 % ansetzen. Ein mittleres Schlaglot erhält man, indem man geschmolzenem Messing etwa ein Siebentel seines Gewichtes an Zink zusetzt, Silberlot durch Zusatz von einem Zehntel bis zum Doppelten des Gewichts an Silber. Man schmilzt in einem Tiegel unter einer Schicht von Holzkohle oder Borax. Zur Zerkleinerung gießt man das Lot in einen Eimer Wasser, das mit einem Reiserbesen kräftig gerührt wird, oder man zerstößt es in rotglühendem Zustande, wo es spröde ist, in einem eisernen Mörser und siebt die Stücke.

Neusilber (Argentan, Packfong) ist ein vorzügliches Schlaglot für Eisen. Um es selbst zu löten, verwendet man entweder Legierungen von Neusilber mit 10 bis 12 % Messing und 15 bis 30 % Zink oder ein Silberlot.

Andere Rezepte für Silberlot enthalten Kadmium. Z. B. wird als schwer schmelzbares Lot für zu emaillierende Silbergegenstände empfohlen: 5 Teile Silber, 4 Teile Messing, 1 Teil Kadmium. — Ein sprödes, leicht schmelzbares Silberlot besteht aus gleichen Teilen Silber und Zink; Kadmium dürfte auch hier besser sein. — Als Lot, das schon bei etwa 400° schmilzt und somit zwischen Weich- und Hartloten steht, wird eine Legierung von 20 Teilen Silber, 3 Teilen Kupfer, 2 Teilen Zink und 75 Teilen Zinn angegeben. Ein solches Lot stellt auch die DEGUSSA[1] her.

Lote für Gold sollen sowohl in Farbe als Feingehalt mit den zu lötenden Gegenständen übereinstimmen. Dies läßt sich dadurch erreichen, daß man dem Lote denselben Feingehalt gibt, für den Rest aber außer Kupfer und Silber (je nach Farbe) noch so viel Kadmium nimmt, daß es im ganzen 10 bis 12% ausmacht.

Platin wird in der Regel mit Feingold gelötet.

Lote für alle Zwecke sind im Handel erhältlich. Silber- und Goldlote sind in Uhrenfurnituregeschäften zu haben[1].

(Lote für Aluminium s. S. 41.)

C. Lötmittel.

1. Allgemeines. Erste Voraussetzung für eine brauchbare Lötung ist, daß das Lot selbst an den zu lötenden Metallen wirklich „wie ein Stück" haftet; im geschmolzenen Zustande muß es daher die Metalle benetzen, so wie Wasser reines Glas (aber nicht fettiges) benetzt. Daß Lack, Rost u. dgl. vor dem Löten entfernt werden muß, ist selbstverständlich. Aber auch blank gemachte Metallflächen benetzt das flüssige Lot nicht ohne weiteres. Dies hat folgenden Grund:

Alle unedlen Metalle überziehen sich an der Luft mit ihrer Sauerstoffverbindung, dem Oxyd. Bei der zum Löten erforderlichen Temperatur geht die Oxydbildung sehr rasch vor sich, wenn auch die entstehende Schicht sehr dünn und kaum als Anlauffarbe sichtbar sein mag. Die Oxyde besitzen erdige Beschaffenheit und einen höheren Schmelzpunkt als die Metalle. Sie überziehen als Haut das feste Metall, umschließen sackartig das geschmolzene Lot und verhindern eine unmittelbare Berührung der Metallflächen miteinander.

Diese Oxydschicht zu beseitigen ist die Aufgabe der Lötmittel. Man kann in Lehrbüchern lesen, daß die Lötmittel durch Reduktion des Oxyds wirken, d. h. es durch Wegnahme des Sauerstoffs in das reine Metall zurückzuverwandeln. Das ist ein Irrtum. Die Wirkung beruht vielmehr nur darauf, daß die Oxyde vom Lötmittel gelöst werden. Ob dies schon in der Kälte geschieht oder erst bei der Löttemperatur, und ob nach dem Abkühlen das Lötmittel flüssig bleibt oder eine feste Kruste („Schlacke") bildet, ist belanglos. Wesentlich ist nur, daß bei der Löttemperatur das feste Oxyd sich in dem noch oder schon flüssigen Lötmittel löst, daß also an Stelle der festen Oxydhaut eine Flüssigkeit tritt, die dem Lot ausweicht und es an das Metall herantreten läßt. Ferner wirken die Lötmittel dadurch, daß sie die Lötstelle während des Lötvorganges mit einer dünnen Schicht bedecken und so vor weiterer Oxydation bewahren.

Nicht alle Metalle lassen sich löten. Z. B. gelingt das Weichlöten nicht bei Magnesium und Wolfram, bei Aluminium nur mit gewissen Schwierigkeiten.

Mit Rücksicht auf die verschiedenen Schmelztemperaturen sind für das Hart- und Weichlöten nicht die gleichen Lötmittel geeignet.

---

[1] Weichlote liefern u. a.: W. Carstens G. m. b. H., Hamburg; Classen & Co., Berlin; Hahn & Kolb, Stuttgart; Küppers Metallwerke, Bonn. Hartlote liefern u. a.: Classen & Co., Berlin; Deutsche Gold- u. Silberscheideanstalt „Degussa", Pforzheim; Hahn & Kolb, Stuttgart; Fr. Kammerer AG., Pforzheim; Schönthal & Co., Berlin; Dr. Th. Wieland, Pforzheim.

2. Lötmittel zum Weichlöten. Konzentrierte Salzsäure, die Lösung von Chlorwasserstoffgas in Wasser, ist eine an der Luft rauchende Flüssigkeit. Mit mindestens der gleichen Menge Wasser verdünnt dient sie zum Löten von Zink.

Salmiak ist salzsaures Ammoniak, ein festes Salz, das beim Erhitzen verdampft, ohne vorher zu schmelzen. Es dient als Zusatz für Lötwasser, besonders aber in Stücken zum Reinigen des Lötkolbens. Gepreßte Blöcke, die mit Ausnahme der Oberseite oberflächlich paraffiniert sind, so daß sie Wasser abstoßen und die Hände nicht verunreinigen, sind käuflich[1].

Chlorzink ist käuflich in weißen gegossenen Stangen, die an der Luft zerfließen. Die Lösung in ungefähr der vierfachen Menge Wasser gibt das gebräuchliche Lötwasser. Die Klempner stellen es sich gewöhnlich selbst durch Lösen von Zink in konz. Salzsäure her. Zusatz von Salmiak ist nützlich. Ein Zusatz von Glyzerin befördert das Flüssigbleiben bei Löthitze, doch stört er bei Überhitzung. Chlorzink ist wirksamer als alle anderen Lötmittel; erforderlich ist aber ein Gehalt an freier Salzsäure, der bei Herstellung aus festem Salze eigens zugefügt werden muß. 5 bis 10% sind unbedenklich und gestatten die Benutzung desselben Lötwassers zum Zinklöten. Die Furcht vor „säurehaltigem" Lötwasser ist insofern unbegründet, als alle chlorhaltigen Lötmittel gleich gefährlich sind. Denn auch aus den Rückständen von Chlorzink und Salmiak wird infolge der Luftfeuchtigkeit durch sog. Hydrolyse nach und nach Salzsäure frei und zerstört mittelbar durch Beförderung der Oxydbildung das Metall. Ist aber eine gute nachträgliche Reinigung der Lötstelle möglich, so fallen alle solche Bedenken weg. Auf die Anpreisung „säurefrei" ist also kein Wert zu legen.

Eine Anzahl Lötmittel, die in Form von mehr oder weniger dicken braunen Salben oder Stangen („Lötpasten") käuflich sind, enthalten Fette und Harze in Mischung mit chlorhaltigen Lötmitteln und anderen Zusätzen. Alle diese Mittel sind bequem und wirksam, da sie sich gut verteilen und bei der Löttemperatur sicher flüssig bleiben. Aber nach dem Löten lassen sie sich nur schwer (durch Abbrennen des Stückes in Salpetersäure) zuverlässig entfernen und sind daher für viele Zwecke, z. B. für Lötungen an elektrischen Apparaten, besser zu vermeiden.

Die oxydlösende Wirkung des Kolophoniums ist geringer als die der beschriebenen Mittel, doch ist sie für blankes Messing und Kupfer sowie für vorverzinnte Metalle ausreichend. Kolophonium hat den Nachteil, daß die Reste nicht leicht (nur mit Spiritus) abzuwaschen sind, den Vorteil, daß es höhere Temperaturen (autogenes Löten von Blei) verträgt, und daß die Rückstände elektrisch isolierend, nicht hygroskopisch und chemisch verhältnismäßig ungefährlich sind. Doch macht sich seine Harzsäure immerhin bemerkbar. Gebraucht wird das Kolophonium als grobes Pulver zum Aufstreuen und für feine Arbeiten in alkoholischer Lösung (Lötspiritus).

Auch Stearin wird als Lötmittel angewandt, ist aber nicht zu empfehlen.

Lötöle sind durchaus nicht Fette, sondern Mischungen von chlorhaltigen Lötmitteln mit verdickenden Stoffen, wie Glyzerin oder Kleister.

Unter Siedloten, Lötpasten usw. versteht man Mischungen aus pulverisiertem Lot verschiedenen Zinngehalts mit Lötmitteln. Je nachdem, ob letztere wasserlöslich oder fetthaltig sind, gilt das oben darüber Gesagte. Für Massenfertigung kommen diese Mittel weniger in Betracht.

Lötstäbe usw. sind Röhren aus Lot verschiedenen Zinngehalts, deren Hohlraum mit Kolophonium, einem Lötmittel oder einer Lötpaste ausgefüllt ist. In manchen Fällen (z. B. beim Löten von Bleirohr) mögen sie zweck-

---

[1] Firma Classen & Co., Berlin.

mäßig sein, oft schmilzt aber der Inhalt des angebrauchten Endes weiter als erwünscht aus.

3. Lötmittel zum Hartlöten. Das gebräuchlichste Mittel ist Borax (borsaures Natron). Er ist ein weißes, in Wasser wenig lösliches Pulver. Der gewöhnliche Borax schäumt beim Erhitzen, was beim Löten stört; ,,gebrannter Borax" tut das nicht. Unter ,,Streuborax" versteht man ein Gemisch von Borax und Kochsalz. Auch der Zusatz von Pottasche und Zyankalium (giftig) wird empfohlen.

Borsäure, in weißen Schuppen käuflich, kann auch als Hartlötmittel dienen. Sie reinigt besser, fließt aber erst bei höherer Temperatur als Borax und ist teurer. Als Zusatz zu Borax ist sie nützlich, besonders beim Löten von Eisen; sie läßt sich auch nach dem Erkalten leichter entfernen.

Eine große Zahl von Hartlötmitteln, deren wesentlicher Bestandteil wohl auch Borax ist, sind als Pulver und Pasten im Handel erhältlich. Sie schäumen nicht, sollen besser reinigend wirken und sich leichter entfernen lassen als Borax. Hergestellt werden sie von denselben Firmen, die S. 13 für Hartlote genannt wurden, und sind zum Teil auf gewisse Hartlote abgestimmt. Hierüber unterrichten genau die Prospekte dieser Firmen.

Für starke Hitze wird auch Glaspulver oder Glasgalle (Schaum aus den Schmelztiegeln der Glashütten) sowie Sand verwendet.

4. Lötmittel für Aluminium. Die gewöhnlichen Lötmittel sind für Aluminium ganz unwirksam. Die Zusammensetzung der wenigen käuflichen Mittel wird geheim gehalten; darin scheinen Lithium, Beryllium und Fluor wesentlich zu sein. Weiteres s. S. 41.

D. Brennstoffe.

Holzkohle. Andere Kohle (Steinkohle oder Koks) kommt wegen des Schwefelgehalts für Lötzwecke nicht in Frage. Die verwendeten Stücke sollen etwa Nußgröße besitzen. — Für Lötrohrarbeiten dienen als Unterlage kleine, aus Holzkohlenpulver gepreßte Briketts.

Spiritus. Der gewöhnliche Brennspiritus enthält 90 bis 95% Alkohol. In offenstehenden Gefäßen wird er schwächer. Trübungen sind durch Filtrieren oder Absetzen zu beseitigen, da sie die Dochte verstopfen.

Benzin und Benzol ist nicht dasselbe, und beide sind in verschiedenen Sorten auf dem Markte. Man achte darauf, daß das spezifische Gewicht (mit Aräometer zu messen) der Gebrauchsanweisung für die betreffende Lötlampe entspricht. Das in Deutschland für Kraftwagen verkaufte Benzin ist mit etwas Spiritus versetzt. Wegen der Feuergefährlichkeit darf man nie in der Nähe einer Flamme einfüllen, muß die Vorratflaschen vor Wärme schützen und soll größere Vorräte nicht in der Werkstätte halten.

Leuchtgas. Der Gasdruck beträgt 40 bis 100, in der Regel gegen 60 mm Wassersäule. Er wird am einfachsten gemessen, indem man das Ende eines Gasschlauches (Hahn fast geschlossen) in ein Glas mit Wasser taucht und feststellt, bei welcher Tiefe kein Gas mehr heraussprudelt. — Das in den meisten deutschen Städten benutzte Gas ist ,,arm", nämlich an Kohlenwasserstoffen; reichere Gase rußen leichter und geben im Bunsenbrenner eine heißere Flamme.

Wasserstoff wurde früher aus Zink oder Eisen und Schwefelsäure entwickelt, wobei er aber einen nicht unbedenklichen Gehalt an Arsen aufweist. Billiger und bequemer ist es, ihn komprimiert in Stahlflaschen zu beziehen. Zur Herabsetzung des anfangs gegen 150 at betragenden Druckes auf eine einstellbare Höhe dienen sog. Reduzierventile (s. S. 16). Wasserstoff ist der einzige Brennstoff, der weder selbst noch dessen Verbrennungsprodukt (Wasser) gesundheitsschädlich ist.

Azetylen besitzt weit größere Heizkraft als Leuchtgas und Wasserstoff. Es enthält im gleichen Raume nicht nur ebensoviel an Wasserstoff wie Wasserstoffgas, sondern außerdem noch das zwölffache Gewicht an Kohlenstoff. Infolgedessen neigt Azetylen zum Rußen. Hergestellt wird es durch Zusammenbringen von Kalziumkarbid mit Wasser (s. unten). Bequemer ist die Entnahme aus Stahlflaschen. Sie enthalten Azetylen in Azeton (eine brennbare Flüssigkeit), gelöst unter einem Drucke von etwa 30 at. Den Brennern wird es über ein Reduzierventil unter einem Drucke von wenigstens 100 mm Wassersäule zugeführt.

Sauerstoff ist eigentlich kein Brennstoff, sondern der die Verbrennung unterhaltende Bestandteil der Luft; sie besteht zu $1/_5$ daraus. Da bei der Verbrennung in Luft $4/_5$ von ihr (Stickstoff) einen miterhitzten Ballast bilden, erhält man mit reinem Sauerstoff eine viel größere Hitze. Wasserstoff benötigt die halbe Menge, Azetylen die $2^1/_2$fache Menge an reinem Sauerstoff, nach Litern gemessen, zur völligen Verbrennung; in Wirklichkeit genügt weniger, da auch die Außenluft an der Verbrennung teilnimmt. Sauerstoff wird in Stahlflaschen bezogen und ihnen über ein Reduzierventil entnommen.

Zur Verhütung von **Explosionen** ist folgendes zu beachten: Explosiv sind die Mischungen brennbarer Gase mit Luft oder Sauerstoff. Besonders vorsichtig sei man mit Wasserstoff, weil sich seine Anwesenheit nicht durch Geruch verrät. Die Dämpfe von Benzin, Benzol und Alkohol sind schwerer als Luft, Wasserstoff, Leuchtgas und Azetylen leichter. Von ersteren werden sich daher die explosiven Gemische mehr am Boden halten, von letzteren unter der Decke sammeln. Wasserstoff und Leuchtgas diffundieren (wandern) auch leicht durch Decken und haben schon manchmal im Obergeschoß Explosionen verursacht. — Die Explosion von Stahlflaschen mit komprimierten Gasen kommt äußerst selten vor. Man vermeide Umwerfen und Erhitzung der Flaschen, besonders einseitige, stelle sie also nicht nahe an Öfen.

IV. Hilfsgeräte.

A. Azetylenentwickler.

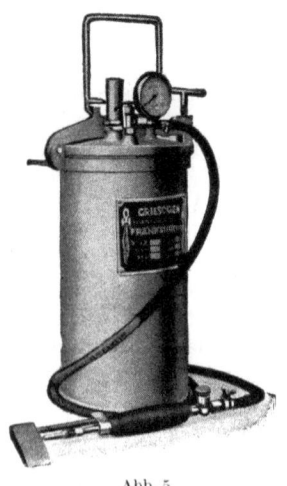

Abb. 5.
Azetylenentwickler der Griesogen
G. m. b. H., Frankfurt a. M.

Für geringe Mengen genügen Entwickler, bei denen nach Art der Fahrradlaternen Wasser auf Kalziumkarbid tropft. Größere Entwickler werden nach verschiedenen Systemen gebaut und sind mit einem Gasometer verbunden. Die in Abb. 5 dargestellte Ausführungsform liefert bei einem Gewichte von 17 kg (betriebsfertig) 250 Liter Azetylengas je Stunde.

B. Das Druckminderventil (Reduzierventil).

Um den hohen Druck, der in den Stahlflaschen mit verdichteten Gasen herrscht, für den Verbrauch herabzusetzen, bedient man sich der sogenannten Reduzierventile (Druckverminderer). Sie gestatten die Entnahme der Gase unter einem Drucke, der zwischen einigen Atmosphären und einem Bruchteil einer Atmosphäre liegt.

Eine Ausführungsform zeigt Abb. 6, eine andere (an einer Azetylenflasche) Abb. 24 (S. 24) in Ansicht, eine dritte Abb. 7 im Längsschnitt. Die Überwurf-

Das Druckminderventil (Reduzierventil).

mutter *1* wird an die Gasflasche geschraubt[1]. Das austretende Gas strömt durch die Bohrung des Stutzens *2*, Sieb *7*, Rohr *8* und Verschluß *4* in die Kammer *17*, von da durch den Ablaßhahn (bei *23*) und den ganz unten befindlichen Schlauchansatz. Bis zum Verschlusse *4* herrscht derselbe Druck wie in der Gasflasche; er wird durch das Manometer *5* angezeigt. Die Steuerung des Verschlusses *4* erfolgt durch den bei *9* gelagerten zweiarmigen Hebel *10*. Sein eines Ende trägt die Schraube *6*, die mit einem Hartgummiplättchen versehen ist, das sich auf die enge Öffnung des Rohres *8* legt. Sein anderes Ende ist zwischen die Spiralfeder *11* und die Gummimembran *16* geklemmt, die durch die Feder *13* und den Teller *16* an den Hebel gedrückt wird. Die Kraft der Feder *13* läßt sich durch

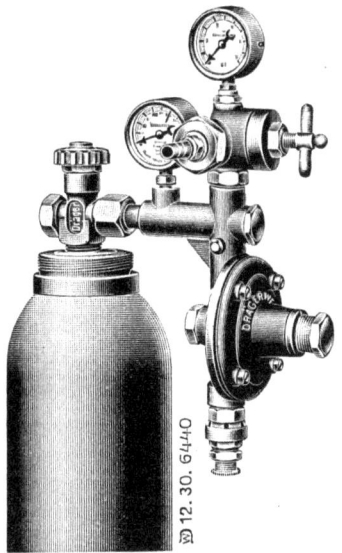

Abb. 6. Druckminderventil.

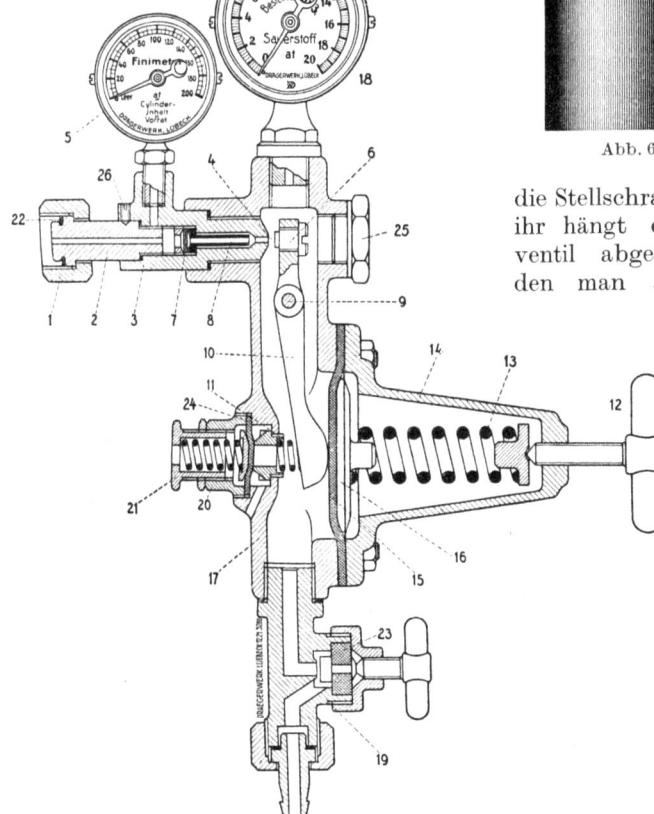

Abb. 7. Druckminderventil im Schnitt.

die Stellschraube *12* regeln. Von ihr hängt der vom Reduzierventil abgegebene Druck ab, den man am Manometer *18* abliest.

Die Wirkungsweise ist folgende: Wir denken uns zunächst den Hahn *19* geschlossen und öffnen das Ventil der Stahlflasche. Das Gas füllt die Kammer *17*, drückt auf die Membran *15*, deren Rückseite mit der Außenluft in Verbindung steht, und biegt die Membran gegen die Kraft der Feder *13* nach rechts. Dadurch

---

[1] Dieses Gewinde ist, um Verwechslungen zu verhindern, für Sauerstoff rechtsgängig, für Wasserstoff linksgängig und wesentlich kleiner, während für Azetylen ein Bügelverschluß (Abb. 24) verwendet wird.

Burstyn, Das Löten. 2. Aufl.

18   Hilfsgeräte.

dreht sich der Hebel *10* unter dem Druck der Feder *11* und schließt die Öffnung *4*. Entnimmt man durch Öffnen des Hahnes *19* Gas, so sinkt der Druck in der Ventilkammer, und der Verschluß *4* öffnet sich wieder, bis der Druck, den das Gas auf die Membran *15* ausübt, der Kraft der Spiralfeder das Gleichgewicht hält.

Das Sieb *7* hat den Zweck, Schmutzteilchen, Rost u. dgl. abzufangen, die sonst den dichten Abschluß bei *4* stören könnten. Wenn der Verschluß *4* nicht dicht hält, kann bei geschlossenem Hahn *19* der abgegebene Druck gleich dem in der Flasche werden. Für diesen Fall ist ein Sicherheitsventil vorgesehen, das aus der Membran *24* besteht, die durch die im Stücke *21* gelagerte Spiralfeder gegen ihren Sitz gedrückt wird und bei zu starkem Drucke in der Kammer das Gas durch die Öffnung von *21* abblasen läßt. Der vom Manometer *5* („Finimeter") angezeigte Druck ist zugleich ein Maß des in der Stahlflasche noch vorhandenen Gasvorrates.

C. Sicherheitsvorrichtungen.

Abb. 10. Wasservorlage. (Draegerwerk).

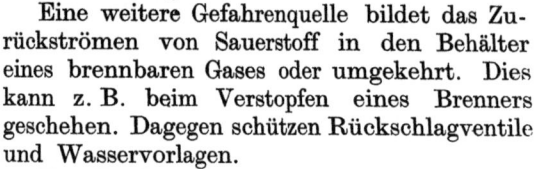

Bei Sauerstoff können gefährliche Brände dadurch entstehen, daß sich das Gas durch den Ausströmungsvorgang erhitzt und die Dichtungsscheibe *4* im Reduzierventil (Abb. 7) entzündet, worauf sich der Brand auch auf die Metallteile ausdehnt. Verhindert wird dies durch den sogenannten Ausbrennungsschutz, der aus dem eingelegten Rohre *8* besteht und die Wärme des Gases ableitet. Er ist selbstverständlich nur bei Sauerstoff nötig.

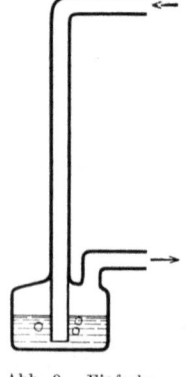

Abb. 8. Einfaches Rückschlagventil.

Abb. 9. Einfache Wasservorlage.

Eine weitere Gefahrenquelle bildet das Zurückströmen von Sauerstoff in den Behälter eines brennbaren Gases oder umgekehrt. Dies kann z. B. beim Verstopfen eines Brenners geschehen. Dagegen schützen Rückschlagventile und Wasservorlagen.

Ein Rückschlagventil besteht in der einfachsten Form nach Abb. 8 aus einer Gummikugel, die in einem Kegel sitzt und das Gas nur in der Pfeilrichtung durchläßt. Ähnliche Rückschlagventile werden zum Anbau an Reduzierventile geliefert, gelten aber als nicht unbedingt sicher.

Zuverlässig ist die Wasservorlage (Abb. 9), ein zum Teil mit Wasser gefülltes Gefäß nicht zu kleinen Durchmessers, durch welches das Gas im Sinne der Pfeile mit geringem Druckverluste durchsprudeln kann. Kommt das Gas aber von der entgegengesetzten Seite, so treibt es das Wasser in das hohe Rohr hinauf, so daß ihm der Weg abgesperrt ist. Abb. 10 zeigt eine Wasservorlage, die auch noch mit einem Hahn und mit einem Nachfülltrichter versehen ist. Selbstverständlich darf der Rückdruck nicht größer werden als der Höhe der Wassersäule im Rohre entspricht. Aus diesem Grunde eignet sich die Wasservorlage nur für niedrige Drucke (Gas aus städtischen Leitungen, Azetylen aus Entwicklern), während das Rückschlagventil mehr für verdichtete Gase bestimmt ist.

D. Druckluftquellen.

Die für viele Brenner und Lötkolben erforderliche Druckluft kann auf verschiedene Weise beschafft werden. Am bequemsten, wenn auch nicht am billigsten, ist die in Stahlzylindern mit einem Druck von über 100 at gelieferte Druckluft, die über ein Druckminderventil entnommen wird. Für einzelne kleinere Brenner genügt ein Wasserstrahlgebläse, wie es bei jedem Glasbläser erhältlich ist. Sonst benutzt man Luftpumpen verschiedener Bauart, meist mit elektrischem Antrieb. Abb. 11 zeigt einen Löttisch, in dessen Fuß eine elektrisch angetriebene Luftpumpe eingebaut ist.

V. Wärmequellen.

A. Allgemeines.

Die Wärmequellen unterscheiden sich in chemische und elektrische. Zu den chemischen gehören das Kohlenfeuer und die Flamme. Diese kann von gasförmigen, flüssigen und festen Brennstoffen geliefert werden. Elektrisch läßt sich Hitze entweder dadurch erzeugen, daß man den Strom durch einen

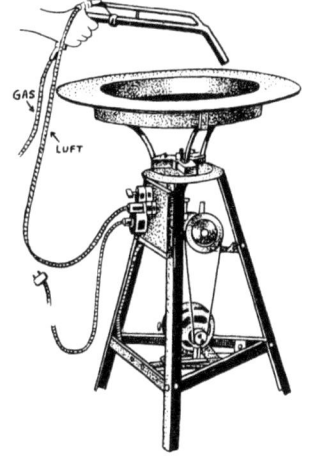

Abb. 11. Löttisch mit Gebläse.
(Herm. Müller, Berlin.)

Widerstand fließen oder daß man einen Lichtbogen brennen läßt; im Gebrauch ist fast nur ersteres.

Die von einer Wärmequelle gelieferte Wärmemenge wird in Kalorien ausgedrückt. 1 kg-Kalorie erwärmt 1 kg Wasser um 1^0. Bei vollkommener Ausnutzung liefert:

1 kg Holzkohle	ungefähr	6500 kg-Kalorien
1 kg Benzin	,,	10000 ,,
1 kg Spiritus 90%	,,	6400 ,,
1 m³ Leuchtgas	,,	4000 ,,
1 m³ Wasserstoff	,,	2360 ,,
1 m³ Azetylen	,,	12300 ,,
1 Kilowattstunde	,,	860 ,,

Dies besagt, daß man z. B. durch Verbrennung von 1 kg Benzin 10 t Wasser um 1^0 oder 125 kg Wasser von 20^0 bis zum Beginn des Kochens erwärmen kann. Da die spezifische Wärme von Wasser 1 beträgt, von Kupfer aber nur 0,39, so macht dieselbe Wärmemenge 1 kg Kupfer $2^1/_2$ mal wärmer als 1 kg Wasser. Da aber andererseits Kupfer 9 mal schwerer als Wasser ist, braucht man für dasselbe Volumen und dieselbe Temperaturerhöhung bei Kupfer eine $9 \cdot 0,39 = 3^1/_2$ mal größere Wärmemenge als bei Wasser.

Dieselbe Wärmemenge, durch Leuchtgas oder elektrisch erzeugt, kostet etwa gleich viel, wenn der Preis von 1 m³ Gas gleich ist dem von 4,5 Kilowattstunden. Die elektrische Wärme kann aber in den meisten Fällen günstiger ausgenutzt werden.

Die Wahl der Wärmequelle hängt nicht nur vom Zwecke, sondern meist ebenso von den Umständen ab. Der allgemeinsten Verwendung fähig und am billigsten ist Leuchtgas. Wo es vorhanden ist, wird man nur für die Herstellung heißester Flammen oder wegen der Tragbarkeit der Entwickler bzw. Stahlflaschen zu Azetylen oder Wasserstoff greifen. Die flüssigen Brennstoffe ergeben bequem tragbare Geräte, sind aber mehr für größere Flammen geeignet. Immer mehr wird der elektrische Strom als Heizquelle verwendet. Kohlenkorb und Schmiedefeuer sind in neuzeitlichen Werkstätten nicht mehr zu finden.

B. Das Holzkohlenfeuer.

Ohne Gebläse dient es zum Anwärmen von Lötkolben (s. S. 29), mit Gebläse (Ventilator oder Blasebalg) als gewöhnliches Schmiedefeuer zum Hartlöten. Träger der Hitze sind hier nicht die züngelnden Flammen von Kohlenoxyd, sondern die glühenden festen Stücke. Der Betrieb ist nicht nur wegen der herumfliegenden Asche unsauber, sondern auch keineswegs billig.

C. Die Flamme.

Die Flamme eines Brenners ist unter allen Umständen eine Gasflamme; denn auch wenn ein flüssiger Stoff verbrennt, muß er zunächst vergast werden, was bei Dochtflammen am Ende des Dochtes geschieht.

Die Wärmemenge, die eine Flamme erzeugt, hängt nicht vom Charakter oder Aussehen der Flamme ab, sondern nur vom „Heizwert" des verbrannten Stoffes, vorausgesetzt, daß die Verbrennung vollständig ist, sich also nicht Ruß oder Teer abscheidet. Dennoch ist es richtig, daß eine heißere Flamme günstiger ist als eine weniger heiße. Es gilt dies allerdings nur dann, wenn die gewünschte Erhitzung nicht gering ist gegenüber der Flammentemperatur. Für einen Zimmerofen oder selbst für das Kochen ist es bezüglich der Wärmeausnutzung ziemlich gleichgültig, ob man z. B. eine leuchtende Gasflamme oder einen Bunsenbrenner benutzt, nicht aber für einen Lötkolben, dessen Temperatur etwa 300° beträgt, und noch viel weniger für das Hartlöten, bei dem Temperaturen von 700° und darüber erforderlich sind. Die schließlich nutzlos abgehenden Verbrennungsgase haben nämlich mindestens die Temperatur des zu erhitzenden Körpers.

Für die Temperatur der Flamme ist bei gegebenem Brennstoffe die Art der Verbrennung maßgebend. Um eine heiße Flamme zu erhalten, muß man durch geeignete Bauart des Brenners für eine vollständige und schnelle Verbrennung, also für reichliche Luftzufuhr sorgen. Noch stärker als Luft wirkt Sauerstoff; doch sind die damit erzeugten Flammen für viele Zwecke zu heiß.

Die Mittel, um einer Flamme günstige Verbrennungsbedingungen zu schaffen, sind folgende: 1. Zufuhr von Luft oder Sauerstoff unter Druck: Lötrohr, Gebläse; 2. Ansaugen von Luft durch einen Gasstrahl, worauf das entstehende Gemisch verbrannt wird: Bunsenbrenner; 3. besondere Flammenform: Flachbrenner. Für Leuchtgas sind alle diese Mittel anwendbar und im folgenden Abschnitte beschrieben.

D. Brenner für Leuchtgas.

1. Gebläseflamme. Das Lötrohr (Abb. 12) ist das älteste Mittel, um eine Flamme durch künstliche Luftzufuhr heiß zu machen. Als Druckluftquelle dient

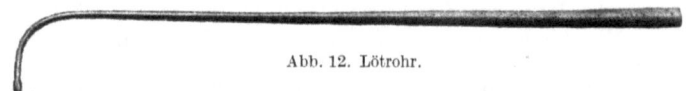

Abb. 12. Lötrohr.

gewöhnlich der Mund (Druck gegen 400 mm Wassersäule); die Düse hat eine Bohrung von etwa 0,5 mm Durchmesser. Hierzu eignen sich gut die kleinen Specksteindüsen der Zündflammen für Gasglühlicht. Man läßt das Gas aus einer weiten Öffnung mit geringer Geschwindigkeit ausströmen und bläst es waagerecht oder etwas nach unten ab. Je nach der Stellung des Lötrohres erhält man eine kleine scharfe Flamme oder eine breitere. Die Hitze ist merkbar höher, als man sie mit einem Bunsenbrenner erzielen kann, und für einzelne kleinere Hartlötarbeiten ausreichend. (Noch größer wird sie, wenn man eine Flamme von Benzin, Petroleum oder Öl verwendet.)

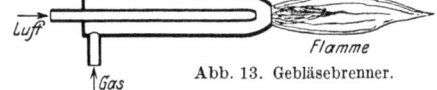

Abb. 13. Gebläsebrenner.

Der **Gebläsebrenner** (Abb. 13) stellt ein vervollkommnetes Lötrohr dar. Das innere Rohr muß genau in der Achse des äußeren Rohres stehen. Seine Spitze ist gewöhnlich auswechselbar; denn es läßt sich z. B. mit weiter Luftdüse eine kleine spitze Flamme nicht erhalten. Auch der Länge nach sind beide Rohre oft gegeneinander verschiebbar eingerichtet. Der Gasbedarf beträgt je nach Größe der Flamme 100 bis 7000 Liter in der Stunde, der Windbedarf etwa das 1,5 bis 2fache davon bei einem Drucke von 200 bis 700 mm Wassersäule.

Abb. 14. Gebläsebrenner. (Bornkessel G. m. b. H., Berlin.)

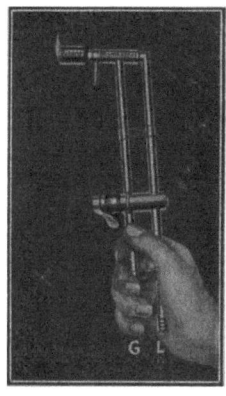

Abb. 15. Gebläsebrenner mit Hahn. (Bornkessel G. m. b. H., Berlin.)

Für Lötzwecke wird der Gebläsebrenner meist als „Lötpistole" gebaut. Abb. 14 zeigt ein einfaches Modell, Abb. 15 ein solches mit federndem Hahn für Gas und Luft, bei dessen Loslassen nur die kleine Zündflamme (wie dargestellt) brennt. In beiden Abbildungen sind die Schläuche für Gas und Luft weggelassen[1]. Für kleine Lötpistolen genügt zur Not der Mund als Luftquelle.

Will man eine noch heißere Flamme erhalten, so führt man dem Brenner statt Luft Sauerstoff zu. Einen derartigen Hartlötbrenner zeigt Abb. 16. Die beiden Gase werden schon im Handgriffe gemischt, wobei das Zurückschlagen der Flamme durch die Geschwindigkeit des

Abb. 16. Hartlötbrenner mit Sauerstoffzufuhr. (Autogen Gasaccumulator A.-G., Berlin.)

Mischgasstromes verhindert wird. Eine Regelung der Flammengröße ist nur in engen Grenzen zulässig; um eine stärkere Flamme zu erhalten, muß man ein weiteres Mundstück einsetzen. Die feinen inneren Düsen derselben müssen bei allen solchen Brennern sehr vorsichtig gereinigt werden, um sie nicht zu beschädigen oder zu erweitern. Beim Anzünden gibt man erst nur Gas, beim Auslöschen schließt man erst den Sauerstoff; andernfalls kann die Flamme in das Mundstück zurückschlagen und es verbrennen.

Die heißeste Stelle einer Gebläseflamme befindet sich bei Anwendung von Luft kurz hinter der Spitze der ganzen Flamme, bei Anwendung von Sauerstoff im richtigen Verhältnis kurz vor der Spitze des inneren grünblauen Kegels.

---

[1] Ähnliche Lötpistolen stellen auch Heime & H. Herzfeld, Halle, her.

22   Wärmequellen.

In der Mitte zwischen Gebläse- und Bunsenbrenner (s. unten) stehen die Brenner der SELAS A.-G., Berlin, deren Einrichtung aber kostspielig ist und nur für größere Werkstätten in Frage kommt. Eine zentrale Pumpe verdichtet das Leuchtgas auf einen Druck von 250 bis 1500 mm Wassersäule und mischt ihm gleichzeitig etwa ebensoviel Luft bei. Das Gemisch, „Selasgas", wird den Arbeitsstellen zugeleitet. Die Brenner, die für alle möglichen Zwecke und in sehr verschiedenen Formen und Größen ausgeführt werden, sind ähnlich wie Bunsenbrenner gebaut, so daß das Gas sich knapp vor der Mündung nochmals mit angesaugter Luft mischt. Die Hitze gleicht der eines mit Luft gespeisten Gebläsebrenners. Die Lötpistole Abb. 17 hat einen Revolverkopf mit sechs verschiedenen Düsen.

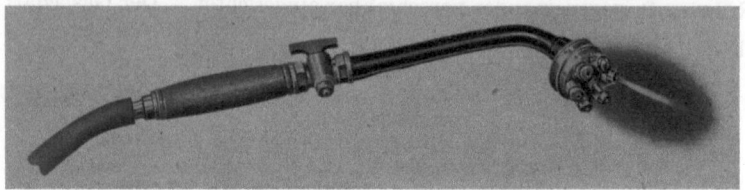

Abb. 17. Lötpistole mit Revolverkopf.

Einfacher ist die Einrichtung der PHAROS-FEUERSTÄTTEN-GESELLSCHAFT, Hamburg (s. S. 30).

2. Bunsenbrenner. Der aus einer Düse d austretende Gasstrahl (Abb. 18) saugt durch Injektorwirkung Luft an; am oberen Ende des weiten Rohres m (Mischrohr) verbrennt das entstandene Gemisch. Die Luftöffnung ist gewöhnlich regelbar; sie muß zusammen mit dem Gase gedrosselt werden, sonst schlägt die Flamme zurück und brennt schon innerhalb des Mischrohres. Die zurückgeschlagene Flamme riecht unangenehm, erhitzt den Brenner und kann durch Abschmelzen des Schlauches Ursache von Bränden werden. Dieser Nachteil hat den Bunsenbrenner in Werkstätten unbeliebt gemacht. Die erzeugte Hitze ist wesentlich niedriger als die einer Gebläseflamme.

Trichterförmig wie in Abb. 18 ist der Injektor bei den Bunsenbrennern nach TECLU. Gewöhnlich besitzt das Mischrohr zwei runde

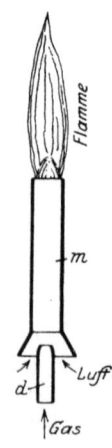

Abb. 18. Bunsenbrenner.

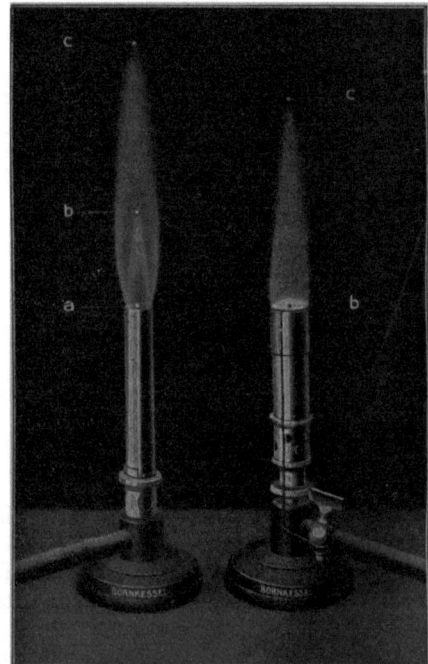

Abb. 19. Bunsenbrenner und Blaubrenner. (Bornkessel G. m. b. H., Berlin).

Luftöffnungen in der Höhe der Gasdüse, und zur Luftregulierung sitzt auf ihm eine drehbare Hülse mit ebenfalls zwei Löchern (Abb. 19 links). Häufig wird eine kleine Zündflamme vorgesehen, für die ein dünnes Rohr im Innern des

Mischrohres bis zur Mündung führt, und die auch nach Schließen des Gashahnes brennen bleibt. Bunsenbrenner der gewöhnlichen Größe verbrauchen etwa 200 Liter Gas in der Stunde.

Eine besonders heiße Flamme, fast wie die eines Gebläses, liefert der **Blaubrenner** (Abb. 19 rechts). Das obere Ende des Mischrohres ist erweitert, und in seiner Öffnung sitzt eine vielfach durchlöcherte Scheibe aus feuerefestem Stoff. Man kann einn solchen Brenner sehr viel Luft ansaugen lassen, ohne daß die Flamme zurückschlägt, da die eingesetzte Lochplatte das verhindert. Darauf beruht die hohe Temperatur der Flamme. Während die Flamme des Bunsenbrenners (links) von a bis b verhältnismäßig kalt ist und erst von b bis c ihre volle Hitze entwickelt, ist die des Blaubrenners auf ihrer ganzen Länge nach fast gleichmäßig heiß, am heißesten wenige Millimeter über der Scheibe. Solche Brenner werden in verschiedenen Größen und Formen bis zu einem Brennerdurchmesser von 43 mm ausgeführt und sind zum Hartlöten, besonders aber zum Erhitzen von Schmelztiegeln geeignet.

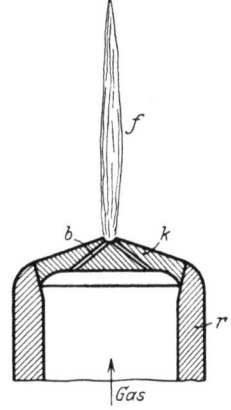

Abb. 20. Flachbrennerkopf aus Speckstein. (3 × nat. Gr.)

3. **Flachbrenner.** Wenn man Leuchtgas so ausströmen läßt, daß sich eine flache, zungenförmige Flamme bildet, so ergibt deren große Oberfläche eine günstige Verbrennung, und man erhält eine Hitze, die die des Bunsenbrenners übertreffen kann. Doch ist dies nur bei kleinen Flammen (etwa 12 bis 60 Litern Gas in der Stunde) der Fall. Zur Erzeugung einer solchen Flamme dient ein Brennerkopf k aus Speckstein (Abb. 20), ähnlich dem der Azetylenbrenner, der in ein Metallrohr r eingekittet ist. Das Gas strömt aus zwei feinen Bohrungen b (0,3 bis 0,8 mm Durchmesser) aus, die beiden Strahlen prallen unter ungefähr rechtem Winkel aufeinander, und senkrecht dazu entsteht die dünne Flammenzunge f. Sie ist bedeutend steifer als die Flamme eines Bunsenbrenners und kann natürlich nicht zurückschlagen (Abb. 21). Sie brennt völlig geräuschlos und eignet sich auch für kleine Hartlötarbeiten. Abb. 22 zeigt einen solchen Brenner mit waagerechter Flamme; diese Anordnung hat den Vorteil, daß Lot od. dgl. nicht auf den Brennerkopf fallen und dessen Löcher verstopfen kann. Diese Brenner werden auch mit mehreren nebeneinander stehenden Flammen hergestellt. Wo Leuchtgas fehlt, kann es durch Propangas[1] ersetzt werden, welches als Flüssigkeit unter etwa 10 at Druck in Stahlflaschen geliefert wird.

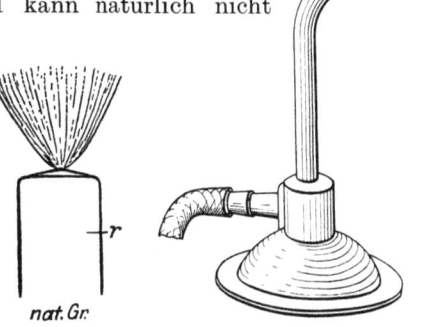

Abb. 21. Flachbrenner (Ansicht).

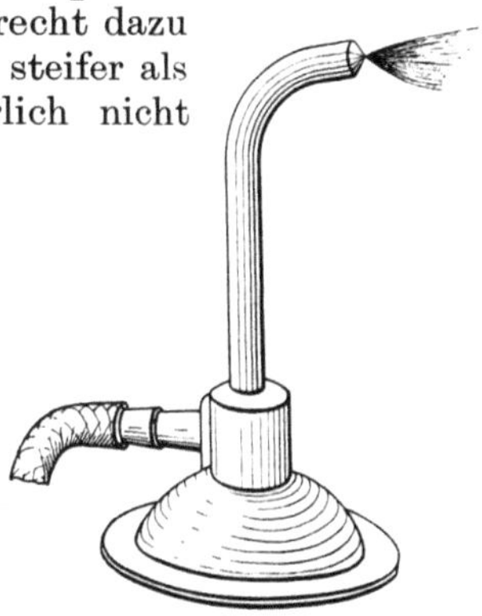

Abb. 22. Flachbrenner mit waagerechter Flamme. (Werkstätte f. Chemie u. Phot., Berlin.)

E. Brenner für Wasserstoff.

1. **Einfache Flamme.** Wasserstoff gibt, in beliebiger Weise verbrannt, eine kaum leuchtende, heiße Flamme. Solche Spitzflammen dienen gelegentlich zum Weichlöten.

[1] I.G. Farbenindustrie.

24   Wärmequellen.

2. Bunsenbrenner. Wesentlich heißer, mindestens so heiß wie eine Gasgebläseflamme, ist die Bunsenflamme des Wasserstoffs. Sie eignet sich besonders zum Bleilöten. Abb. 23 zeigt einen solchen Brenner. Die Luftöffnung befindet sich

Abb. 23. Wasserstoff-Bunsenbrenner des Drägerwerks, Lübeck.

kurz vor der Spitze. Der Brenner wird mit verschiedenen Düsen geliefert, deren Stundenverbrauch von 30 bis zu 900 Liter beträgt.

3. Gebläsebrenner. Die Wasserstoff-Preßluft-Flamme ist wenig im Gebrauch. Häufig benutzt wird aber die sehr heiße Wasserstoff-Sauerstoff-Flamme, das „Knallgasgebläse"; es dient zum Bleilöten, Hartlöten, Schweißen usw. Die vollständige Anlage besteht aus je einer Stahlflasche mit Wasserstoff und Sauerstoff und dem Brenner mit Ersatzdüsen. Der Verbrauch beträgt je nach Düse 30 bis 1000 Liter Wasserstoff in der Stunde und etwa dem fünften Teil davon an Sauerstoff.

F. Brenner für Azetylen.

1. Bunsenbrenner. Azetylen verlangt, um im Bunsenbrenner eine nichtrußende Flamme zu geben, viel mehr Zusatzluft als Leuchtgas. Man läßt es daher unter

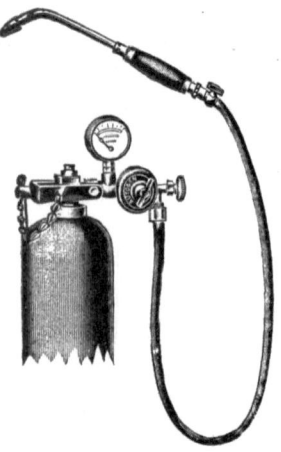

größerem Druck (wenigstens 100 mm Wassersäule) ausströmen und benutzt besondere Brenner mit engen Gasdüsen und weiten Luftöffnungen. Sie sind in verschiedenen Größen mit einem Gasverbrauch von 10 bis 60 Liter in der Stunde erhältlich. Höhere Drucke (etwa 1000 mm Wassersäule) sind für die Hartlötpistolen mit Bunsenbrenner vorgeschrieben, z. B. Abb. 24. Gasverbrauch je nach Hahnstellung 20 bis 100 Liter in der Stunde.

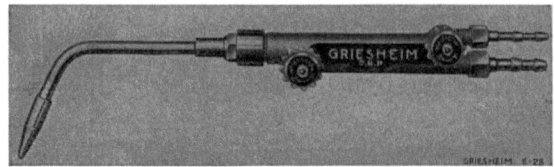

Abb. 24. Hartlötpistole für Azetylen. (Autogen Gasaccumulator A.-G., Berlin.)

Abb. 25. Schweißbrenner für Azetylen. (Griesogen G. m. b. H., Frankfurt a. M.)

2. Gebläsebrenner. Azetylen-Preßluft-Brenner[1] werden in mehreren Typen hergestellt, deren größte bei Einstellung der Flamme zum Löten 2000 Liter Azetylen stündlich verbraucht. Sie eignen sich besonders zum Hartlöten größerer Kupferkörper bis 6 mm Wandstärke.

Die heißeste von allen Flammen (daher zum Hartlöten nur mit Vorsicht zu gebrauchen!) erzeugt das Azetylen-Sauerstoff-Gebläse. Abb. 25 zeigt einen Schweißbrenner, der in vielen verschiedenen Größen geliefert wird.

---

[1] Griesogen G. m. b. H., Frankfurt a. M.

G. Brenner für flüssige Heizstoffe.

1. Dochtlampe für Spiritus. In gewöhnlicher Form eignet sie sich mit und ohne Lötrohr für kleine Arbeiten und zum Erhitzen kleinster Kolben. Leistungsfähiger ist die sehr verbreitete Taschenlampe nach Abb. 26, bei der der äußere Docht den im Innern des Brennerrohrs befindlichen anwärmt und dadurch Spiritusdampf aus einer kleinen Bohrung zu einer Stichflamme bläst. Damit lassen sich schon Bleirohre bis zu etwa 15 mm Durchmesser löten.

Abb. 26. Taschenlötlampe für Spiritus.

2. Lötlampen mit Brennflüssigkeit unter Druck. Eine weitaus heißere Flamme, derjenigen einer Gasgebläseflamme gleichend, entwickeln jene Lötlampen, bei denen der Flüssigkeitsbehälter unter Druck steht. Sie werden in ganz ähnlichen Ausführungen für Spiritus und Benzin gebaut. Letzteres gibt bei gleicher Brennergröße und geringerem Verbrauche eine etwas längere, viel heißere Flamme.

Abb. 27 zeigt die kleinste derartige Taschenlötlampe für Spiritus oder Benzin. (Etwas verschiedene Bauart!) Sie trägt einen Bügel zum Auflegen eines kleinen Lötkolbens; eine Regelung der Flamme ist nicht möglich. Der Brennstoff wird durch einen Docht hochgesaugt und erzeugt durch die Verdampfung selbst den nötigen Druck.

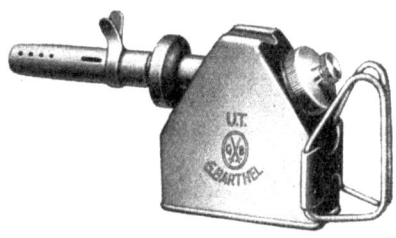

Abb. 27. Taschenlötlampe für Spiritus oder Benzin. (G. Barthel, Dresden.)

Auch größere Lötlampen werden in ähnlicher Weise gebaut, jedoch mit Regelung der Flamme durch Drosselung des vergasten Brennstoffes. Neuerdings zieht man es aber vor, den Druck in solchen Lampen (und Lötkolben) nicht durch die Hitze des Brennstoffes, sondern durch eine eingebaute Luftpumpe zu erzeugen. Dies bringt vor allem den Vorteil, daß das Lampengefäß nicht so heiß zu werden braucht, ferner, daß man einen höheren Druck anwenden und dadurch stärkere und heißere Flammen erzielen kann.

Abb. 28. Kleine Benzinlötlampe. (G. Barthel, Dresden.)

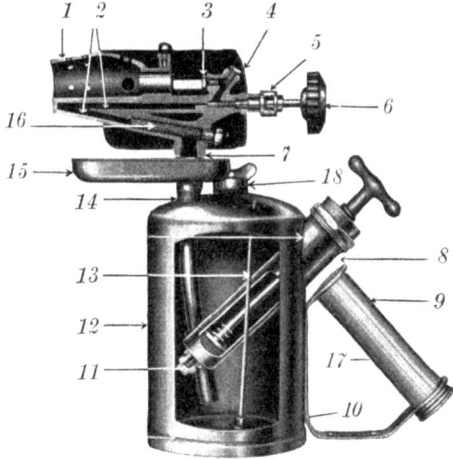

Abb. 29. Benzinlötlampe im Schnitt. (G. Barthel, Dresden.)

Eine kleine solche Gebläselampe zeigt Abb. 28; ihre Luftpumpe ist in den Griff eingebaut, die Füllung beträgt 0,3 Liter, die Flammenlänge 160 mm, die Brenndauer etwa $1^{1}/_{2}$ Stunden. Bei der mittelgroßen Lampe, die Abb. 29 in $^{1}/_{3}$ nat. Gr.

im Schnitt darstellt, befindet sich die Luftpumpe 8 mit Ventil *11* im Behälter *12*. Vor dem Inbetriebsetzen der Lampe schließt man das Ventil *6* und pumpt Luft ein, bis zu einem Drucke von 3 at, mehr liefert die Pumpe nicht. Der Luftdruck treibt das Benzin durch das Steigrohr *14* und das Verbindungsstück *7* in den Vergaserkanal *2*, der zwecks bequemerer Reinigung aus zwei geraden Stücken besteht. Eingangs desselben ist ein Drahtwickel *16* als Filter eingelegt. Der Vergaser wird nun dadurch angewärmt, daß man in die ausschwenkbare Schale *15* Spiritus gießt und ihn anzündet. Wenn derselbe fast abgebrannt ist, öffnet man langsam durch Drehen des Knopfes *6* die in der Stopfbüchse *5* gelagerte Spindel der Düse *3*. Das Benzingas entzündet sich und bläst in starkem Strahle durch den Mantel *1*, wobei es durch die Öffnungen desselben die nötige Luftmenge ansaugt. Weiterhin liefert die Hitze der Flamme die zum Vergasen nötige Wärme. — Der Stift *13* ist zwischen Boden *10* und Decke des Behälters eingelötet und verschließt ein Loch des letzteren. Er dient als Explosionsschutz: sollte der Druck im Behälter (was nur bei sehr ungeschickter Handhabung oder bei einem Brande geschehen kann) zu hoch werden, so dehnt sich der Behälter, der Stift reißt das Loch auf, und Luft und Gase können ausblasen. — Im Griffe *9* ist eine Nadel zur Reinigung der Brennerdüse untergebracht.

Der Behälter der Lampe faßt 1 Liter, darf jedoch nur zu $^9/_{10}$ gefüllt werden. Brenndauer 35 Minuten bei voller Flamme, die einen Kupferdraht von 10 mm Durchmesser und 50 mm Länge in etwa 1 Minute zu schmelzen vermag.

Die meisten Modelle werden je nach Bedarf mit Brennern für waagerechte, schräg nach abwärts oder schräg oder senkrecht nach oben gerichtete Flamme geliefert, für besondere Zwecke auch mit verengtem oder flachem Brennerrohr. Beim Gebrauch ist eine gewisse Vorsicht geboten. Ungeschickt behandelt können sie, namentlich beim An- und Abstellen, brennende Flüssigkeit spritzen. Man achte darauf, daß keine entzündbaren Gegenstände in dieser Richtung liegen, und lasse sie nicht unbeobachtet brennen. Gut behandelt sind sie, besonders die Modelle mit Pumpe, vorzügliche Werkzeuge. Bedingung ist die Verwendung reiner Brennstoffe nach Vorschrift.

Petroleum und Öl geben, im Dochtlämpchen verbrannt und mit dem Lötrohre angeblasen, eine kleine sehr heiße Stichflamme, ebenso eine Kerze.

Erwähnt sei noch, daß Benzin und Benzol auch in der Weise vergast werden können, daß man in besonderen Apparaten einen Luftstrom mit ihnen sättigt, ähnlich wie es die Vergaser der Automobile bewirken. Solches „Karburatorgas" kann wie Leuchtgas gebrannt werden.

VI. Lötkolben.
A. Allgemeines.

Der Lötkolben besteht gewöhnlich aus Kupfer, weil es das einzige Metall ist, das folgende Eigenschaften vereinigt: Es wird vom flüssigen Lot benetzt, aber doch nicht zu sehr angegriffen; es widersteht wenigstens einige Zeit der erforderlichen Hitze; und es leitet die Wärme sehr gut, so daß es der Lötstelle schnell Hitze zuführen kann. Das Kupferstück ist am vorderen Ende zu einer stumpfen Schneide oder Spitze zugeschärft. Es ist an den Stiel entweder hammerartig (Abb. 30) oder in gerader Linie (Abb. 31) angesetzt. Gewöhnlich haben die Hammerlötkolben eine Schneide, die geraden Lötkolben eine Spitze. In manchen Fällen werden auch gerade Lötkolben mit Schneide ausgeführt' weil sich das Lot besser darauf hält (vgl. Abschn. IX A 5). Für die meisten Verwendungszwecke ist die Hammerform bequemer; Spitzkolben benutzt man hauptsächlich

Allgemeines.

für das Löten an der Innenseite von Gefäßen oder Geräten, wo der Hammerkolben nicht hingelangen würde. Eine zweckmäßige Mittelform ist der schräge Kolben.

Das Gewicht der von den Klempnern benutzten Lötkolben beträgt etwa 250 bis 500 g. 1 kg ist wohl die obere Grenze, einige Gramm die untere. Die Güte des Kupfers ist nicht gleichgültig. Es soll möglichst rein, also Elektrolytkupfer, sein. Schlechtes Kupfer, das Kupferoxyd enthält, wird in der Flamme rissig.

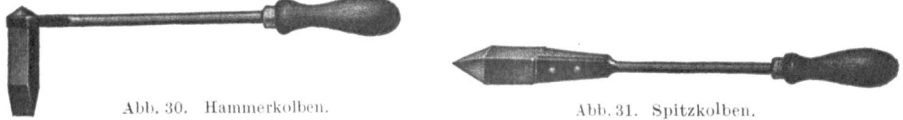

Abb. 30. Hammerkolben.   Abb. 31. Spitzkolben.

Neuerdings werden zwecks Kupferersparnis auch Aluminiumlötkolben verwendet. Aluminium ist zunderfest und hat ein großes Wärmeaufnahmevermögen, wodurch seine dem Kupfer gegenüber geringere Wärmeleitfähigkeit ausgeglichen wird. Da sich Aluminium nicht verzinnen läßt, wird die Schneide oder Spitze des Kolbens mit verzinnbarem Nichtaluminiummetall versehen[1].

Den Lötkolben anzuwenden, statt unmittelbar eine Flamme, hat folgende Vorteile:

1. Die Handhabung ist bequemer. Der Lötkolben ist in jeder Lage zu gebrauchen, während Flammen (gewisse steife Flammen ausgenommen) nur nach oben brennen. Ferner dringen Flammen schlecht in Ecken hinein.

2. Die Temperatur ist viel niedriger. Dies ist von Bedeutung wegen der Feuergefahr beim Löten in Räumen, in denen sich feuergefährliche Körper befinden (Garagen) oder z. B. von Benzingefäßen, in denen sich leicht aus Rückständen explosive Dämpfe bilden[2]; ferner wenn unmittelbar neben der Lötstelle wärmeempfindliche Gegenstände sind, wie Holz oder Hartgummi. Vor allem aber kann durch den Lötkolben die Lötstelle nicht überhitzt und dadurch in ihrer Festigkeit geschädigt werden (Löten von Antennendrähten).

3. Die Hitze des Lötkolbens läßt sich namentlich bei Spitzkolben an einen einzigen Punkt bringen, während Flammen immer ausgedehnt sind und sich namentlich beim Auftreffen auf Flächen ausbreiten.

4. Besonders wichtig ist es, daß sich die Hitze vom Lötkolben auf die Lötstelle schneller überträgt als von einer Flamme. Es beruht dies darauf, daß Metalle die Wärme besser leiten als Gase. Schnell erfolgt die Abgabe der Wärme seitens des Kolbens aber nur, wenn eine aus geschmolzenem Lot gebildete Brücke zwischen ihm und der Lötstelle vorhanden ist. Darum muß man den Lötkolben vorher verzinnen. Voraussetzung ist ferner, daß sich die Wärme von der Masse des Lötkolbens auf die Spitze rasch übertragen kann. Deswegen macht man ihn aus Kupfer. Messing oder Bronze, die sich sonst auch verwenden ließen, sind wegen ihrer weit geringeren Wärmeleitfähigkeit weniger geeignet. — Die rasche Wärmeabgabe des Lötkolbens gestattet es, so schnell zu löten, daß sich die weitere Umgebung der Lötstelle kaum erwärmt. Man kann z. B. an einem dicken Metallkörper, wenn er nicht gerade aus Kupfer besteht, löten, ohne ihn ganz anwärmen zu müssen.

Der Lötkolben wird entweder periodisch erhitzt, d. h. er wird abwechselnd angewärmt und zum Löten benutzt, oder es wird ihm während des Lötens dauernd

---
[1] A. ROMUND: Lötkolben aus Leichtmetall. Aluminium, Bd. 19 (1937), S. 743.
[2] An einem sehr heißen Kolben können sich aber solche Dämpfe doch entzünden. Vorsicht!

Wärme zugeführt. Im ersten Falle wirkt der Kolben zugleich als Speicher für die Hitze; er muß natürlich bis zuletzt eine Temperatur besitzen, die zum Löten reicht, also mindestens 200°, so daß er zu Beginn wesentlich heißer sein muß. Der Verlauf der Temperatur wird angenähert durch die Kurve der Abb. 32 wiedergegeben. Als höchste Temperatur ist 600° (Beginn der Rotglut) angenommen. Bei dieser Temperatur wird das Kupfer schon stark angegriffen, und zwar nicht nur durch Oxydation, die es mit einer schwarzen Haut überzieht, sondern noch mehr dadurch, daß es an der Spitze bis in merkliche Tiefe Zinn aufnimmt. Dieser Vorgang macht das Kupfer hart, so daß es sich schwer feilen läßt, zugleich aber mürbe und leichter verbrennbar, wobei sich oft hinter der verzinnten Spitze ein Hals bildet. Der so abgenützte und stumpf gewordene Kolben muß durch Zufeilen oder Ausschmieden wieder auf die richtige Form gebracht werden.

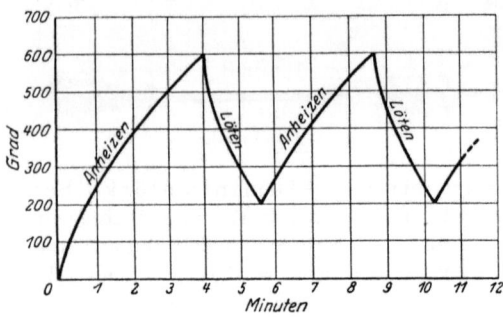

Abb. 32. Temperaturverlauf eines Lötkolbens.

Je weniger der Kolben überhitzt wird, desto weniger wird er beschädigt, desto geringer ist aber auch sein Wärmevorrat und desto häufiger muß man ihn anwärmen, wenn man das Kupferstück nicht sehr groß wählt. Dieser Ausweg ist aber, abgesehen von der Unbequemlichkeit des Gewichtes, vom Standpunkte des Wärmeverbrauchs sehr ungünstig.

Während des Arbeitens verliert der Lötkolben nämlich aus drei Gründen Wärme: 1. Durch Abgabe an das Werkstück, 2. durch Leitung an die Luft, 3. durch Strahlung an die Umgebung. Der erste Teil ist nützliche Wärme und hängt von der zu leistenden Arbeit ab, die beiden anderen Teile aber stellen Verluste dar und nehmen mit der Oberfläche des Kolbens und seiner Übertemperatur zu. Je größer und heißer der Lötkolben ist, desto mehr tritt 1. gegen 2. und 3. zurück, besonders wenn man nicht in ununterbrochenem Zuge lötet.

Viel vorteilhafter ist daher ein dauernd geheizter Lötkolben. Seine Temperatur kann angenähert gleichmäßig gehalten werden, zweckmäßig unter 350°, wobei der Abbrand noch verhältnismäßig klein ist. Die Temperatur ist, wie ein Blick auf Abb. 32 lehrt, wesentlich niedriger als die Durchschnittstemperatur bei periodischer Heizung. Schon dadurch sind die Wärmeverluste geringer, noch mehr aber deswegen, weil man einen bedeutend kleineren Kolben wählen kann, denn er braucht ja nicht mehr als Speicher für die Hitze zu wirken. Eine Pufferwirkung hat er allerdings auszuüben, wenn nicht vollkommen ununterbrochen gelötet wird; in den kleinen Pausen speichert er etwas Hitze auf und gibt sie beim nächsten Löten wieder ab.

Der größte Vorteil des dauernd geheizten Lötkolbens besteht aber darin, daß man die Lötarbeit nicht durch das Anheizen zu unterbrechen braucht. Für fabrikationsmäßige Arbeit kommen daher nur solche Lötkolben in Frage.

Andererseits ist für Einzellötungen an Stellen, wohin man Gas- oder elektrische Leitungen nicht legen kann oder wo sie stören, ferner beim Fehlen von Benzinkolben oder wenn dessen Flamme unerwünscht ist, der alte einfache Kolben ein nie versagendes Werkzeug.

Die Einrichtungen für die beiden Arten der Anheizung sollen nun besprochen werden.

B. Lötkolben für periodische Heizung.

Der eiserne Stiel ist bei Hammerlötkolben (Abb. 30) in das Kupfer eingeschraubt oder genietet, während er bei den Spitzkolben (Abb. 31) in der Regel ein U-förmiges Eisenstück trägt, das das hintere Ende des Kupfers umfaßt.

Zum Anwärmen dient die Glut eines Holzkohlenfeuers oder eine Flamme. Die Becken oder Körbe mit der Kohlenglut bieten gewöhnlich für mehrere Kolben Platz; jeder Arbeiter hat einen Kolben im Feuer, während er mit einem zweiten lötet. Außer der Unsauberkeit ist es ein fühlbarer Nachteil, daß man die Temperatur des Kolbens unter der Kohle nicht beobachten kann, so daß er versehentlich leicht überhitzt wird.

Besser ist das Anheizen mit Gas. Bei kleineren Lötkolben benutzt man Bunsenbrenner, bei größeren Kolben Gebläse. In der Regel legt man den Lötkolben auf ein Gestell, so daß der Stiel waagerecht liegt und der Kolben von der Flamme bespült wird. Es ist nicht nötig, zu vermeiden, daß die Flamme die Spitze des Kolbens trifft. Um zu sparen, hat man Gestelle gebaut, die das Gas bis auf eine kleine Zündflamme ausdrehen, wenn der Kolben nicht auf dem Gestell liegt. Sie sind aber deswegen nicht zweckmäßig, weil man bei dauernder Arbeit doch zwei Kolben benötigt, so daß immer einer geheizt wird.

Abb. 33. Petroleumlötöfen. (G. Barthel, Dresden.)
Die Schale (links) dient zum Schmelzen von Lot. Rechts Ofen mit abgenommener Haube.

Selbstverständlich ist auch jede andere nichtrußende Flamme zum Anheizen geeignet. Besonders dafür gebaut sind die Petroleumlötöfen (Abb. 33), doch läßt sich jede beliebige Lötlampe dafür gebrauchen. Für ganz kleine Lötkolben gibt es auch mit Gas oder elektrisch geheizte Muffelöfen.

Eine besondere Stellung nehmen die Kolben nach Abb. 34 ein. Das Kupferstück besitzt eine mit einem Deckel verschließbare Höhlung, in die eine Blechdose mit Thermitfüllung (Preis etwa 15 Pf.) eingesetzt werden kann. Thermit ist ein Gemenge von Aluminium und Eisenoxyd, das angezündet rasch zu geschmolzenem Eisen und Schlacke verbrennt, dabei eine sehr hohe Temperatur und wenig Flamme entwickelt. Angezündet wird mit besonderen Streichhölzern durch ein Loch des Deckels. Das Verfahren ist namentlich für Einzellötungen im Freien sehr geeignet und spart an Arbeitszeit.

Abb. 34. „Mox"-Spitzkolben von $^3/_4$ kg Gewicht. (Deutsche Mox Brenner G. m. b. H., Berlin.)

30   Lötkolben.

C. Lötkolben für ununterbrochene Heizung.

1. Kolben für Leuchtgas. Jede der auf S. 21—23 beschriebenen Brennerarten kann zum dauernden Beheizen von Kolben dienen. Das Gas (und bei Gebläsekolben auch die Luft) wird durch den hohlen Handgriff zugeführt. Man verwende Spiralschläuche oder Gummischläuche mit nicht zu dünner Wand, weil sie sonst bei Bewegungen leicht einknicken. Im Fabrikbetriebe kann man manchmal den Lötkolben von Hammerform als festen Wandarm über dem Tische anbringen, so daß die Lötspitze nach unten ragt und die zu lötenden kleinen Gegenstände (z. B. elektrische Sicherungen) dagegengedrückt werden.

Als Beispiel eines Kolbens mit Gebläseflamme sei die Ausführung Abb. 35 erwähnt. Gewicht 800 g, Kupfer 22 mm Durchmesser. Luft und Gas werden erst im Brennermundstück gemischt. Eine Zündflamme ist vorgesehen. Bei Leerlauf sind 100 Liter Gas in der Stunde erforderlich, um den Kolben auf schwächster Rotglut zu erhalten. Es kann aber die vierfache Menge Gas zugeführt werden, so daß ein sehr großer Überschuß an Wärme zur Verfügung steht. Das größte derartige Modell hat ein Kupfergewicht von 1 kg. Die Unbequemlichkeit, daß Preßluft und zwei Schläuche erforderlich sind, läßt die Anwendung solcher Kolben nur dann zweckmäßig erscheinen, wenn ihre hohe Leistungsfähigkeit für schwere Lötarbeiten wirklich ausgenutzt wird.

Abb. 35. Lötkolben mit Gebläseflamme, Modell LD7.
(Heime & Herzfeld, Halle.)

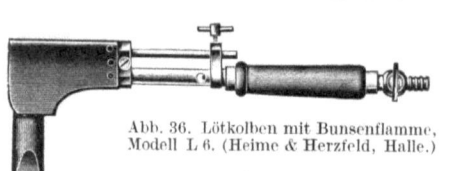

Abb. 36. Lötkolben mit Bunsenflamme, Modell L 6. (Heime & Herzfeld, Halle.)

Abb. 37. Löttisch mit Gas- und Preßluftzufuhr.
(Pharos Feuerstätten G. m. b. H., Hamburg.)

Der Lötkolben mit Bunsenflamme (Abb. 36, Gewicht 550 g, Kupfer 16 mm Durchmesser) verbraucht bei voller Flamme ungefähr 150 Liter in der Stunde; die

Hälfte genügt, um ihn auf schwacher Rotglut zu erhalten. Dann macht sich aber schon der Nachteil des Bunsenbrenners bemerkbar, nämlich das leichte Zurückschlagen, besonders wenn der Brenner heiß ist, oder wenn die Flamme ein wenig nach unten brennt oder infolge einer Bewegung des Schlauches zuckt. Noch mehr tritt dies bei den kleineren Modellen (bis 30 Liter in der Stunde) in Erscheinung. —
Der die Flamme umgebende Schutzmantel aus Eisenblech wirkt gassparend, indem er die Abkühlung durch Strahlung und Zugluft vermindert.

Abb. 38. Lötkolben für Selasgas. (Selas A.-G. Berlin.)

Bei der in Abb. 37 dargestellten Anlage werden Gas und Preßluft (1,5 at) getrennt zum Werktisch geleitet, von dem dann ein einziger Schlauch zum Kolben führt. Dies wird dadurch erreicht, daß auf dem Werktische für jeden Kolben ein besonders gebauter Mischhahn angebracht ist, der zugleich zur Einstellung der Flammengröße dient.

Einen Lötkolben für das S. 22 beschriebene „Selasgas" zeigt Abb. 38.

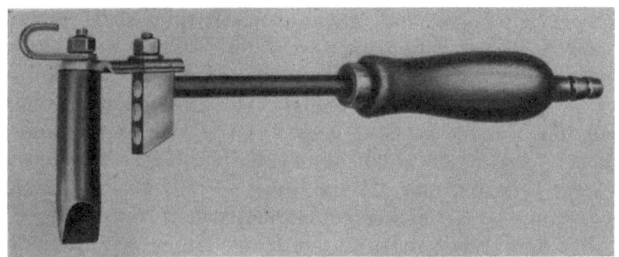

Abb. 39. Lötkolben mit 3 Flachbrennern. (Werkstätte für Chemie u. Phot., Berlin.)

Vorzüglich geeignet für Lötkolben sind die S. 23 beschriebenen Flachbrenner, da sie in jeder Lage brennen und nicht zurückschlagen können. Die Hitze der flachen Flamme wird vom Kupfer sehr vollständig aufgenommen, so daß das Gas besonders gut ausgenutzt wird. Abb. 39 zeigt ein mittelgroßes Modell mit drei Brennerköpfen

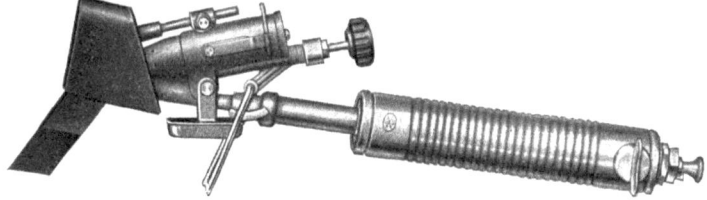

Abb. 40. Benzinlötkolben. (G. Barthel, Dresden.)

und einem Kupferstück von 20 mm Durchmesser. Das kleinste Modell verbraucht etwa 20 Liter Gas in der Stunde. Bei voller Flamme kommen die Kolben in starke Rotglut, wenn ihnen nicht durch das Löten Wärme entzogen wird.

2. Kolben für Azetylen und Wasserstoff. Azetylenlötkolben[1] und Wasserstofflötkolben[2] werden mit Bunsenbrenner ausgerüstet.

[1] Autogen-Gasaccumulator A.-G., Berlin.
[2] Griesogen G. m. b. H., Frankfurt a. M.

Beide Gasarten kommen nur in Frage, wenn Leuchtgas nicht vorhanden ist.

3. Kolben für flüssige Brennstoffe. Ihre Bauart entspricht der der Lötlampen für die gleichen Brennstoffe, als die sie sich auch nach Abnehmen des Kupferstückes meist benutzen lassen. Sie sind insofern die vollkommensten Lötkolben, als sie dauernd geheizt werden und doch nicht an einen Schlauch oder ein Kabel gebunden sind. Der Betrieb ist nicht viel teurer als mit Leuchtgas. Für die ununterbrochene Arbeit in der Fabrik eignen sie sich wegen der beschränkten Brenndauer ($1/2$ bis 1 Stunde) weniger, wohl aber für den gelegentlichen Gebrauch in Werkstätten, wo Gas und Strom fehlen, und vorzüglich für Montagearbeiten.

Abb. 40 zeigt einen Benzinkolben mittlerer Größe mit Luftpumpe (im Griff) und Flammenregulierung. Ganze Länge 470 mm, Flammenlänge 160 mm, Brenndauer bei voller Flamme 45 Minuten. Die halbe Flamme genügt reichlich, um das Kupfer lötwarm zu erhalten. Der Blechmantel macht den Kolben sturmsicher.

4. Elektrische Lötkolben. Sie werden jetzt ausschließlich mit Widerstandsheizung gebaut. Als Widerstand dient eine Wicklung aus Chromnickeldraht. Die grundsätzliche Schwierigkeit besteht darin, daß die elektrische Isolation zwischen stromführender Wicklung und Kupferstück zugleich auch eine Wärmeisolation ist. Infolgedessen muß der Heizkörper wesentlich heißer sein als das Kupfer, so heiß, daß sein Draht durch Oxydation bald zerstört würde, wenn man nicht gelernt hätte, ihn durch luftdichtes Einbetten in eine keramische Masse zu schützen.

Der Heizkörper wird aus dem genannten Grunde leicht auswechselbar eingerichtet und die Heizung so bemessen, daß der Kolben bei Leerlauf nicht allzu heiß (etwa 400°) wird. Dies ist ein Nachteil gegenüber Gaslötkolben, denen für den Zweck schwerer Lötungen viel mehr Hitze zugeführt werden kann, wobei schlimmstenfalls das Kupfer in Glut gerät. Bei letzteren ist auch die Regelung der Hitze einfacher. Andererseits hat der elektrische Lötkolben den beträchtlichen Vorteil bequemerer Handhabung, da ein Kabel — gewöhnlich ein rundes Gummikabel ohne Umspinnung — leichter einzurichten ist und weniger stört als ein Gasschlauch. Mitunter bringt man an der Wand ein Kontrollämpchen an, dessen Leuchten anzeigt, daß der Lötkolben unter Strom steht.

Abb. 41. Kleiner elektr. Lötkolben. (H. Heidolph, Schwabach.)

Die Anheizzeit ist um so länger, je größer der Kolben ist, und beträgt 2 bis 6 Minuten.

Elektrische Lötkolben werden von zahlreichen Firmen in den verschiedensten Ausführungsformen hergestellt. Die kleinsten haben ein gerades oder gebogenes rundes Kupferstück und dienen hauptsächlich zum Löten von Drahtverbindungen in Fernmeldegeräten. Die größten haben meist Hammerform und verbrauchen etwa 400 Watt bei einem Kupfergewicht von 750 g. Nachstehend einige Beispiele:

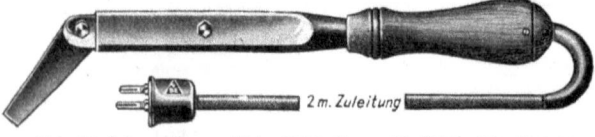

Abb. 42. Schwenkbarer elektr. Lötkolben. (G. Gohde, Wennigsen.)

Abb. 41 zeigt einen Lötkolben kleinster Art (50 Watt, Kupfer nur 4 mm Durchmesser); Abb. 42 einen mit schwenkbarem Kupferstück. Der innere Aufbau eines anderen Kolbens ist aus Abb. 43 ersichtlich. Der Lötkolben nach Abb. 44 (für 200 Watt) ist durch Öffnen des Bügelverschlusses leicht zerlegbar. Sehr solide gebaut ist der große Lötkolben der AEG.

Besonders bei feinen Drahtlötungen ist das Stumpfwerden der Kolbenspitze sehr störend. Neuerdings ist ein Lötkolben im Handel, dessen Kupferstück an

Lötbäder.

der Spitze einen Überzug aus chemisch reinem Eisen trägt[1], das weitaus weniger angegriffen wird als Kupfer. Man darf allerdings nur mit Kolophonium löten, und die Hitze reicht nur für Drähte bis 1 mm Durchmesser.

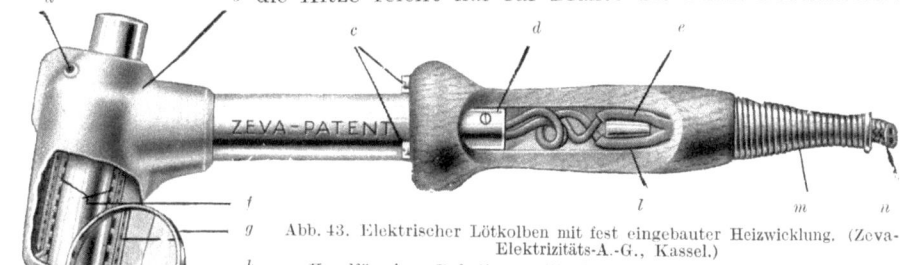

Abb. 43. Elektrischer Lötkolben mit fest eingebauter Heizwicklung. (Zeva-Elektrizitäts-A.-G., Kassel.)
a = Kegelförmiger Befestigungsstift für das Kupferstück; b = Metallmantel aus Aluminium; c = 3 Befestigungsschrauben; d = Anschlußstein für Kabel; e = Zugentlastung; f = Zwischenmantel mit Rippen, zwischen denen abfallendes Kupferoxyd sich sammeln kann; g = dünne Isolation; h = Heizwicklung; i = dieser Kegel dichtet gegen aufsteigende Säuredämpfe; k = nachstellbares Kupferstück; l = einzelne Kabel; m = Schutzspirale; n = Vollgummikabel.

Bei einer anderen Ausführung[2] ist das Kupferstück gegen Oxydation mit einem sehr harten Schutzüberzug besprizt. Beide Arten von Kolben scheinen sich gut zu bewähren.

Zum Ablegen der Lötkolben in den Lötpausen dienen kleine Ständer, wie ihn z. B. Abb. 44 zeigt. Bei dem Sparableger Abb. 45 öffnet das Gewicht des aufgelegten Kolbens einen Schalter und legt dadurch einen regel-

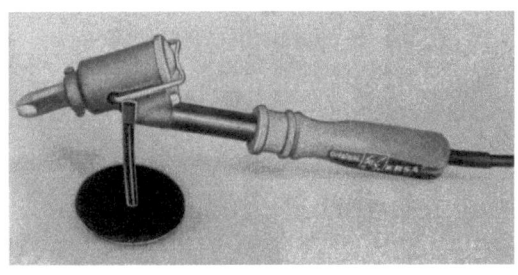

Abb. 44. Lötkolben Modell S 1. (R. Sachs, Berlin.)

Abb. 45. Sparableger (C. Schniewindt, Neuenrade i. W.)

baren Vorschaltwiderstand in die Heizleitung, so daß der Kolben vor Überhitzung in den Pausen geschützt ist.

Etwas Ähnliches wie ein Kolben ist die Lötvorrichtung Abb. 46. Sie besteht im wesentlichen aus einem Halter für einen Kohlestift und ist besonders zum Löten von elektrischen Verbindungen u. dgl. an Kraftwagen gedacht, wobei als Stromquelle die Batterie des Wagens (6 oder 12 V) dient. Die

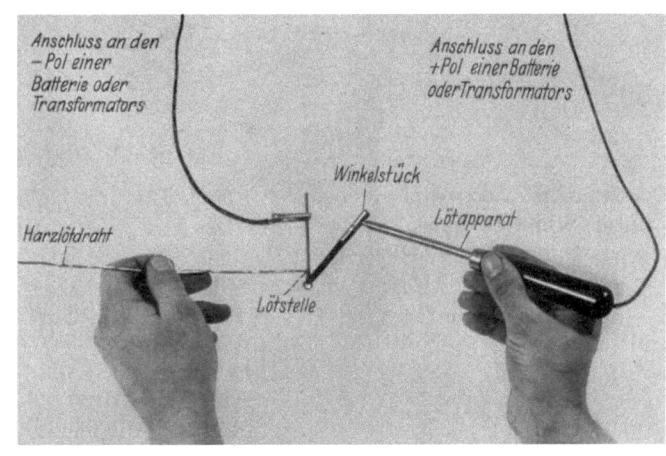

Abb. 46. Elektrische Lötvorrichtung „Subito". (Vesal G.m.b.H., Weil a.Rh.)

---

[1] Siemens & Halske AG., Berlin.   [2] Benatu G. m. b. H., Kiel.

Lötstelle wird ähnlich vorbereitet, als ob mit Flamme gelötet werden sollte, und muß mit dem negativen Pol (Massiv des Wagens) verbunden sein, was meist ohnehin der Fall ist. Berührt man nun an oder neben der Lötstelle das Metall mit der Kohle, so erhitzt sie sich infolge ihrer schlechten Leitfähigkeit (ein Lichtbogen kann bei der niedrigen Spannung nicht entstehen) und erzeugt fast im Augenblick die zum Schmelzen des Lotes nötige Wärme.

VII. Lötbäder.

Zum Tauchlöten dienen Lötbäder, das sind Gefäße mit geschmolzenem Lot. Als Zinnbad läßt sich jedes Gefäß aus Eisen verwenden, das durch einen beliebigen Brenner geheizt wird. Vielfach wird jetzt elektrische Heizung angewandt. Das kleine Zinnbad Abb. 47 hat einen Handgriff wie ein Lötkolben. Größere Bäder werden in Wannenform gebaut, und zwar bis zu solcher Größe[1], daß ein ganzer Automobilkühler eingetaucht und dadurch verzinnt und verlötet werden kann.

Lötbäder zum Hartlöten besitzen Wannen aus Graphit und werden mit Flammen beheizt (s. S. 46).

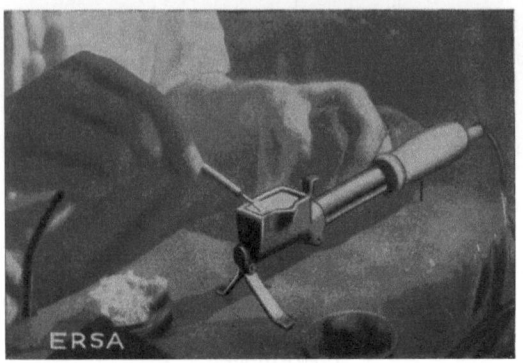

Abb. 47. Kleines Zinnbad. (R. Sachs, Berlin.)

VIII. Sonstige Lötwerkzeuge.

Der Schaber Abb. 48 aus gehärtetem Stahl dient dazu, Oxyd, Lot usw. von der Metalloberfläche zu entfernen. Er besitzt dreieckigen Querschnitt. Vorteilhaft sind Hohlschaber mit konkaven Seitenflächen, die sich schneller nachschleifen lassen. Wenn man, wie gewöhnlich, nur die Spitze des Schabers benötigt, umwickelt man ihn zweckmäßig bis dahin mit Isolierband, um ihn besser anfassen

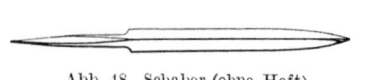

Abb. 48. Schaber (ohne Heft).

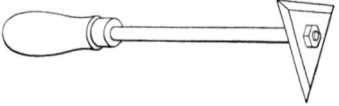

Abb. 49. Dreieckiger Schaber.

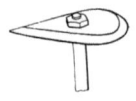

Abb. 50. Herzförmiger Schaber.

zu können. Zum Blankmachen von Bleiblechen und -rohren hat man Blattschaber, deren Stahlblatt meist auswechselbar ist. Sie werden ziehend benutzt und haben je nach dem zu bearbeitenden Werkstücke verschiedene Profile. Abb. 49 zeigt einen dreieckigen, Abb. 50 einen herzförmigen Schaber.

Die Zinnfeile unterscheidet sich von gewöhnlichen Feilen dadurch, daß sie mit einem sehr groben, einfachen (nicht kreuzweisen) Hiebe versehen ist. Das hat den Zweck daß das weiche Metall sich schwerer in den Rillen festsetzen und leicht mit der Feilenbürste entfernt werden kann. Mit der Zinnfeile wird das vorstehende Weich-

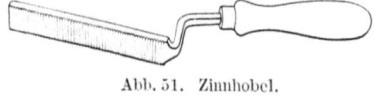

Abb. 51. Zinnhobel.

---

[1] z. B. von Siemens & Halske.

lot von den Lötnähten entfernt. Ferner dient sie wie auch der Zinnhobel (Abb. 51) dazu, Blei- und Zinnkörper vor und nach dem Löten zu bearbeiten.

Bürsten. Mit der Kratzbürste aus Stahldraht, die auch als runde Bürste ausgeführt wird und dann zur leichteren Handhabung an einer biegsamen Welle angebracht werden kann, kann man härtere Metalle vor dem Löten von Lack und Rost, nach dem Löten von Zinn befreien.

Die Lötbürste, aus tierischen Haaren bestehend, dient zum Wegwischen des noch flüssigen Lotes von der Lötstelle und erspart die sonst noch nötige Nacharbeit.

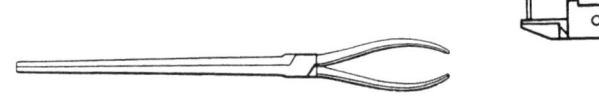

Abb. 52 und 53. Lötzangen.

Unter **Lötzangen** versteht man teils Flachzangen mit langen Backen (Abb. 52), mit denen man die zu lötenden Werkstücke in die Flamme hält, teils Zangen nach Abb. 53, die zum Aneinanderdrücken zweier miteinander zu verlötenden Gegenstände dienen; die bogenförmige Backe gestattet den allseitigen Zutritt der Flamme zur Lötstelle. Für ganz kleine Arbeiten benutzt man auch Lötpinzetten, deren Backen zusammenfedern.

Vorrichtungen zum Hartlöten sind unter „Hartlöten" erwähnt (s. S. 44).

IX. Das Löten.
A. Weichlöten.

1. Vorbemerkungen. Die folgenden Angaben gelten für das Löten der meisten gebräuchlichen Metalle. Besonders besprochen werden Blei (S. 39) und Aluminium (S. 41). Bei Zink ist zu beachten, daß als Lötmittel Salzsäure oder solche enthaltendes Lötwasser benutzt werden muß.

Zink, Silber und in geringem Grade auch die anderen Metalle lösen sich im flüssigen Lot, weshalb man dünne Bleche und Drähte möglichst rasch und bei möglichst geringer Hitze löten muß. Dies gilt namentlich für Zink wegen seines niedrigen Schmelzpunktes. Mit einem zu heißen Kolben „stößt" man in dünnes Zinkblech leicht ein Loch.

An Wolfram und Magnesium (Elektron) und mit den gewöhnlichen Lötmitteln an Aluminium haftet Zinnlot nicht, an Gußeisen sehr schlecht. Auch von Eisen läßt sich das Lot schon wenig über 100° abreißen. Überhaupt sollen Weichlötstellen womöglich nicht auf Zug beansprucht werden. Zug ist durch Nieten, Schrauben oder Falze aufzunehmen und das Lot mehr als Dichtung oder Sicherung gegen Losewerden anzusehen. Dies ist sowohl beim Entwurf von Erzeugnissen als auch bei Ausbesserungen zu beachten.

Vom Lötwasser hält man einen kleinen Arbeitsvorrat am besten in einem niedrigen Napfe bereit, nicht in einer Flasche, die man leicht umstößt. Zum Auftragen des Lötwassers benutzt man ein Holzstäbchen, das für feine Arbeiten zugespitzt, für grobe noch mit einem Lappen umwickelt wird.

Die chlorhaltigen Lötmittel wirken schon in geringsten Mengen rostbildend; man soll damit in einer mechanischen Werkstätte nicht löten, da sich zerstäubte Tröpfchen im ganzen Raume verbreiten. Auch wasche man sich nach dem Löten die Hände, bevor man gute Werkzeuge anfaßt.

2. Vorbereitung der Lötstelle. Lack, Rost, Grünspan u. dgl. sind unbedingt zu entfernen. Zur Reinigung dienen mechanische Mittel (Kratzbürste, Schmirgelpapier, Schaber) oder chemische (Abbrennen in Säure, bei Lacken u. dgl. Kochen in Lauge). Fett stört bei Anwendung fetter Lötmittel nicht. Oft ist auch örtliche Reinigung mit Lötwasser oder Salzsäure zweckmäßig. Wenn man z. B. eine durchgerostete Stelle eines Eisenblechtopfes mit einem Blechstücke decken will, würde man meistens das Blech zu sehr schwächen, wenn man den Rost ganz abkratzen wollte; man löst besser die Reste aus den Poren durch Salzsäure, wäscht ab und arbeitet mit Lötwasser weiter.

Besonders schwierig ist es, die Lackschicht von den feinen Drähten der **Lackdrahtlitzen** zu entfernen, wie sie in der Funktechnik gebraucht werden. Am besten gelingt es, wenn man die etwas aufgelockerten Enden in einem kleinen Gefäße (zur Not genügt ein eiserner Löffel) mit starker Kalilauge erhitzt, die das Kupfer nicht angreift. Dabei schützt man die Umspinnung, soweit sie nicht entfernt werden soll, durch Tränken mit Kolophonium. Für das Löten dreht man die Enden wieder fest zusammen und entfernt, wenn man lange Haltbarkeit wünscht, sorgfältig mit heißem Wasser das Lötmittel, mit Spiritus das Kolophonium. Bei etwas gröberen Lackdrahtlitzen kann man die Enden in einer nicht zu heißen Flamme schnell ausglühen und in Spiritus abschrecken; so wird meist in Fabriken verfahren.

Falls ein lose liegender Gegenstand gelötet werden muß, ist es oft erforderlich, ihn durch Bindedraht oder eine Lehre zusammenzuhalten. Dabei kann man von der Eigenschaft des Aluminiums Gebrauch machen, Lot nicht anzunehmen. Lötzange und Lötpinzette leisten hier auch gute Dienste.

3. Verzinnen. Bei schwerer lötbaren Metallen (Eisen), bei unvollständiger Reinigung der Oberfläche, sowie immer, wenn man eine ganz zuverlässige Lötung wünscht, soll man die Lötstellen vorher verzinnen. Das kann, wie das Löten, mit Hilfe des Lötkolbens oder Lötbrenners vorgenommen werden; im Fabrikbetriebe benutzt man dazu bei kleineren Stücken oder Enden besser das Zinnbad.

4. Tauchlöten. Nicht nur zum Verzinnen, sondern auch zum Löten geeigneter Gegenstände (z. B. einer Mutter an eine Schraube), die verzinnt bleiben können oder sollen, kann das Zinnbad (s. S. 34) dienen.

Die Teile werden zweckmäßig vorgewärmt, dann durch Anpinseln oder Tauchen mit einem Lötmittel versehen und hierauf an einem Drahthaken oder mit einer Zange in das geschmolzene Metall getaucht, bis sie dessen Temperatur angenommen haben; das dauert je nach der Größe eine oder einige Sekunden. — Das Zinnbad soll um nicht mehr als 20 bis 50° heißer als der Schmelzpunkt gehalten werden. Zu langes Eintauchen ist zu vermeiden; es löst sich dann eine merkbare Menge des zu verzinnenden Kupfers usw. im Bade und verdirbt es.

5. Das Löten mit dem Kolben. Der Lötkolben muß zunächst verzinnt werden. Ist er durch längeren Gebrauch oder Überhitzen stark angegriffen, so wird er zurecht gefeilt, nötigenfalls erst durch Schmieden vorgeformt. Beim Anwärmen soll er nicht einmal dunkelste Rotglut erreichen, sonst leidet er. Hierauf wird er zur Reinigung mit den Seitenflächen der Spitze auf dem Salmiaksteine gerieben und sofort danach verzinnt. Der Salmiakstein (etwa 5×8 cm) erhält oben eine Mulde, in die man von der Lötstange mit dem Lötkolben etwas Zinn tropfen läßt. Von diesem Vorrat benetzt man nach Bedarf den Kolben immer wieder. Es ist förderlich, in die Mulde öfters einen Tropfen Lötwasser zu bringen. Beim Löten ganz kleiner Gegenstände (Drahtverbindungen) genügt oft das an dem Kolben haftende Lot. Man bringt mit einem

Holzstäbchen oder einer Drahtöse ein wenig Lötmittel auf die Lötstelle und berührt sie dann streichend mit dem Kolben[1].

Bei größeren Körpern hält man in einer Hand den Kolben, in der anderen die Zinnstange, und gibt dauernd Lot zu. Abb. 54 zeigt z. B. das Löten einer Blechnaht an der Innenseite eines Kastens, Abb. 55 dasselbe im Querschnitt. Man kann aber auch Lotschnitzel oder einen Streifen Lot der Lötnaht entlang legen. Benetzt das Lot eine Stelle nicht, so gibt man einen Tropfen Lötwasser nach. Es ist darauf zu achten, daß das Lot auch wirklich ganz durchdringt, z. B. bei einem Kabel durch alle Drähte. Am Rande von Nähten soll das Lot, namentlich wenn es auf Zug beansprucht ist, nach Abb. 56 etwas vorragen, sonst hat die Lötstelle infolge „Kerbwirkung" verminderte Festigkeit. Das Lot soll alle Spalten ausfüllen, damit nicht Reste des Lötmittels verbleiben. Nähte lötet man womöglich in waagerechter Richtung, sonst von oben nach unten.

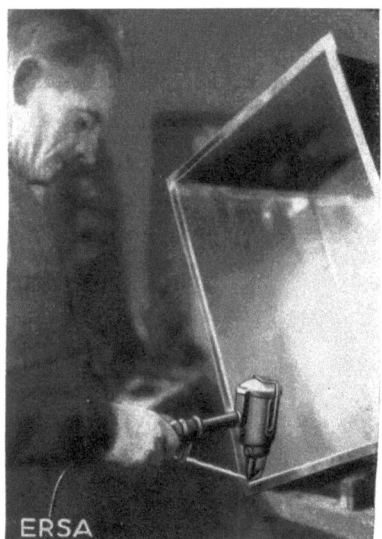
Abb. 54. Löten einer Blechnaht.

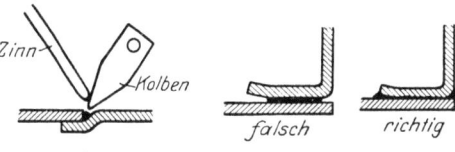
Abb. 55. Löten einer Blechnaht. Abb. 56. Ausführung der Nahtränder.

Lötpasten ersetzen gleichzeitig Zinn und Lötmittel und ersparen das Vorverzinnen des Lötkolbens. Doch stört oft das Abtropfen; auch besteht die Gefahr, daß einzelne Klumpen nicht schmelzen und Einschlüsse bilden.

Größere dickwandige Körper, namentlich solche aus Kupfer, sind vor dem Löten auf 100 bis 150° anzuwärmen, da sie sonst dem Kolben die Hitze zu schnell entziehen würden.

Sorgfältig zu hüten hat man sich davor, die Lötstelle während des Erkaltens zu bewegen, da das Lot sonst pulverig wird und jede Festigkeit verliert.

Muß man an einem Gegenstande löten, der im übrigen nicht warm werden darf, so wickelt man ihn in feuchte Lappen ein oder taucht ihn teilweise unter Wasser.

Nach dem Gebrauche kann man den Kolben mit Wasser abschrecken. Bei Kolben mit Flammenheizung muß man aber sorgfältig darauf achten, daß der Wasserstrahl nur das Kupferstück trifft. Elektrische Kolben läßt man langsam erkalten.

6. Das Löten mit der Flamme. Im allgemeinen ist es sicherer, mit dem Kolben statt mit einer Flamme zu löten. Besonders soll man letzteres bei kleinen Gegenständen, bei Drahtverbindungen und bei Zink vermeiden. Unverwendbar ist der Kolben, wenn man mit ihm an die eigentliche Lötstelle nicht gelangen kann; es bleibt dann nichts übrig, als den ganzen Gegenstand anzuheizen. Dies geschieht besser als durch Bespülen mit der Flamme, indem man ihn auf eine nicht zu dünne Blechplatte legt und den Brenner darunterstellt. Oben aufgelegtes Asbestpapier hindert das Entweichen der Wärme nach oben, bewirkt gleichmäßigere Erwärmung und spart Zeit und Brennstoff.

---

[1] Lötkolben mit einem Hohlraume im Kupferstücke zur Aufnahme eines Vorrates von Lot haben sich nicht bewährt.

Bei einiger Geschicklichkeit kann das Löten von Blechnähten mit Hilfe einer kleinen Gebläseflamme oder eines Flachbrenners vorteilhaft ohne Kolben ausgeführt werden. — Dünne Kontaktplättchen aus Silber oder Platin faßt man mit der Pinzette, drückt sie erst auf einen mit Lötwasser befeuchteten Lappen, danach in Lotfeilspäne und legt sie auf die erhitzte Unterlage, wodurch das anklebende Lot augenblicklich schmilzt. Man erreicht dadurch eine saubere Lötung und vermeidet, daß Lot auf die Oberfläche des Kontaktes kommt. — Wenn man Kupferdrahtverbindungen mit der Flamme löten muß, tut man gut, nicht die Lötstelle, sondern den Draht seitwärts davon anzuwärmen, damit die Hitze von innen kommt und das Lot besser durchdringt.

7. Nachbehandlung der Lötstelle. Vorstehende Lottropfen werden noch heiß mit einem Lappen oder der Lotbürste entfernt, wenn man eine glatte Oberfläche

Abb. 57. Selbsttätige Lötmaschine für Dosen. (Karges-Hammer A.-G., Braunschweig.)

wünscht. Geht dies nicht, so müssen nachträglich Zinnfeile oder Schaber angewandt werden, sofern die Lötstelle nicht ohnedies nachgedreht oder -gefräst wird.

Die Entfernung der Lötmittelreste ist besonders wichtig und soll bald erfolgen. Lötwasser wird abgewaschen; womöglich wird der Gegenstand nach dem Abspülen einige Zeit in warmes Wasser gelegt; im Notfalle wischt man wiederholt mit einem feuchten Lappen ab. Lötfett ist schwer zu beseitigen. Kolophonium entfernt man durch Abklopfen, Abkratzen oder mit Spiritus. Wird der Gegenstand ohnedies in Säure abgebrannt, so erübrigt sich natürlich jede besondere Reinigung.

8. Lötmaschinen. Für Massenartikel werden mehr oder weniger selbsttätig arbeitende Maschinen gebaut. Das größte Anwendungsgebiet ist wohl die Herstellung von Blechbüchsen. Abb. 57 stellt eine Maschine dar[1], welche die Dosenrümpfe

---

[1] Hingewiesen sei hier auch auf die Längsnahtlötmaschine für Dosenrümpfe, hergestellt von L. Schuler A.-G., Göppingen.

vollkommen selbsttätig anfertigt. Die zugeschnittenen Bleche werden in das Magazin der Maschine flach eingelegt. Die Maschine entnimmt daraus mittels Saugluft (von ihr selbst erzeugt) je ein Blech und versieht es mit einem Lötzinnstreifen, der von einem endlosen Bande abgeschnitten und gleichzeitig mit dem Lötmittel benetzt wird. Das Blech wird hierauf in mehreren Gängen gerundet, wobei der Lötzinnstreifen zwischen die Fuge kommt, auf einen Lötzylinder geschoben und auf ihm mit einer Stichflamme gelötet. Danach wird der fertige Zylinder mit Luft gekühlt und auf eine Transportkette gereiht, die ihn zu einer ebenfalls selbsttätigen Bördel- und Bodenaufwalzmaschine führt.

9. **Metallographische Untersuchung.** Die für die Kenntnis der Metalle so wichtige metallographische Untersuchung kann man auch auf Lötstellen anwenden. Bei dieser Untersuchung wird bekanntlich an einer angeschliffenen Stelle das Kleingefüge durch Polieren und Ätzen für die mikroskopische Betrachtung sichtbar gemacht[1]. Abb 58[2] zeigt die photographische Aufnahme eines solchen „Schliffes" bei 200facher Vergrößerung, und zwar handelt es sich um eine Weichlötung zwischen Eisen und Hart- oder Schraubenmessing mit Lot aus 50% Blei und 50% Zinn. Beim Polieren wurde das Weichlot ziemlich tief herausgearbeitet, so daß eine vertiefte Rinne entsteht. Das Bild zeigt das deutlich an der Eisenseite

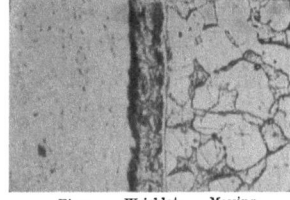

Eisen   Weichlot   Messing
Abb. 58. Weichlötung in 200facher Vergrößerung.

durch den schwarzen Schatten. Auf der Messingseite läuft zwischen dem Lot und dem Messing ein helles, ziemlich scharf begrenztes Band, das offenbar aus einer Kupfer-Zinn-Legierung besteht und beweist, daß es zwischen dem Zinn und dem Kupfer des Messings zu einer Legierung gekommen ist. Auf der Seite des Eisens ist das nicht zu beobachten.

B. Löten von Blei.

1. **Weichlöten.** Blei läßt sich mit Zinnlot und Kolophonium wie irgendein anderes Metall löten. Man benutzt gewöhnlich eine Gebläselampe dazu und ein Lot mit 50% oder mehr Blei, das sich infolge seines unscharfen Schmelzpunktes (vgl. S. 8) „schmieren" läßt.

Die Verbindung zweier Bleirohre, z. B. eines Trapses an das Ablaufrohr, wird folgendermaßen ausgeführt:

Das obere Rohr (Abb. 59) wird am Ende etwas zugespitzt und außen blank geschabt, das untere mittels einer Sonderzange oder eines Holzkegels trichterartig erweitert und innen blank gemacht. Man steckt nun die Rohre ineinander, wärmt sie mit der Benzinlötlampe an, bedeckt sie mit anschmelzendem Kolophonium, läßt in den ringförmigen Zwischenraum Lot abtropfen und heizt nun stärker, bis das Lot anschmilzt. So füllt man nach und nach, indem man von oben heizt und nötigenfalls von unten kühlt, den Zwischenraum mit Blei, und schließlich trägt man, indem man das Lot nur bis gerade zum Weichwerden erhitzt, auch noch über den Rand hinaus Lot auf, wobei man ihm zugleich durch Wischen mit einem talggetränkten Lappen eine rundliche Form gibt. In ähnlicher Weise werden Abzweigungen usw. hergestellt.

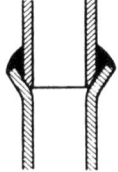

Abb. 59. Verlötung zweier Bleirohre.

---
[1] Siehe Werkstattbuch Heft 64 „Metallographie".
[2] Hergestellt von Oberingenieur Müller (M. P. A.-Wernerwerk, Fa. Siemens & Halske, Berlin).

40 Das Löten.

Flache Lötnähte hat man oft in der Weise hergestellt, daß zwischen die einander überlappenden oder ineinandergefalzten Ränder der Bleibleche Kolophonium und Zinnfolie gelegt und die Stelle dann mit einem heißen Bügeleisen überfahren wurde.

Ganz verläßlich sind alle solche Lötungen nicht, zumal wenn sie der Feuchtigkeit ausgesetzt sind, nämlich wegen des chemischen Angriffs durch galvanische Ströme. oder wenn sie auf Biegung beansprucht werden, wegen der verschiedenen Festigkeit von Zinn und Blei. Vielfach, z. B. in chemischen Fabriken, wird Blei zum Auskleiden von Bottichen u. dgl. wegen seiner chemischen Widerstandsfähigkeit verwendet, die das Zinnlot nicht im selben Maße besitzt. In solchen Fällen ist man darauf angewiesen, fremde Metalle zu vermeiden und Blei mit Blei „autogen" zu löten.

2. Autogenes Löten. Dieses Verfahren findet immer mehr Anwendung. Es steht in der Mitte zwischen Löten und Schweißen und bildet eine Technik für sich, deren Ausübung viel Erfahrung erfordert.

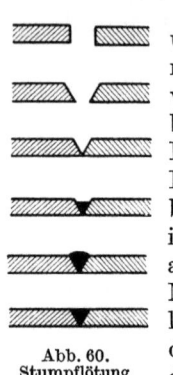

Abb. 60. Stumpflötung zweier Bleche.

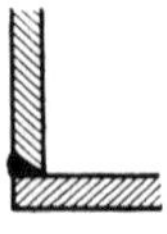

Man kann zur Not auch mit einem hinreichend heißen Kolben und mit Hilfe von Kolophonium autogen löten. Besser und allgemein üblich ist aber das Löten mit einer heißen Stichflamme. Es wird dadurch begünstigt, daß Blei eine geringe Wärmeleitfähigkeit besitzt. Leuchtgas gibt nur mit Sauerstoff eine genügend heiße Flamme; bei Azetylen und Wasserstoff genügen Bunsenbrenner. Die Flamme ist immer so einzustellen, daß ein Überschuß des brennenden Gases herrscht. Eine solche „reduzierende" Flamme ist zwar nicht imstande, Bleioxyd wieder in Blei zu reduzieren, aber sie verhindert, soweit sie die Oberfläche des geschmolzenen Metalles bedeckt, dessen Oxydation. Ein Lötmittel ist entbehrlich, wenn man die zu lötenden Stücke sowie den Lötstab (Bleidraht von 3 bis 6 mm Stärke) vorher sauber abschabt und die auf der geschmolzenen Oberfläche schwimmenden schillernden Häutchen von Oxyd mit dem Lötstabe zerreißt und beiseiteschiebt.

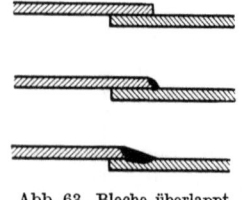

Abb. 61. Blechkante, von außen gelötet.   Abb. 62. Blechkante, von innen gelötet.

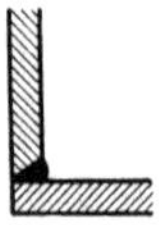

Abb. 63. Bleche überlappt gelötet.

Im Gegensatz zum eigentlichen Löten kann hier nicht mit einem Fließen des Lots in Fugen gerechnet werden. Jede Naht muß ihrer ganzen Breite nach mit dem Metall der zu lötenden Stücke verschmelzen und daher von der Flamme erreicht werden. Im allgemeinen läßt man daher die Nähte keilförmig klaffen und füllt sie nach und nach mit dem vom Lötstabe abgetropften Blei aus. Abb. 60 zeigt in sechs Stufen den Vorgang bei der stumpfen Verbindung zweier Bleche, Abb. 61, wie die Kante eines Behälters von außen, Abb. 62, wie sie von innen gelötet wird. Dünne Bleche verbindet man unter Überlappung, wobei nach Abb. 63 das obere Blech an das untere niedergeschmolzen wird. Dabei benutzt man zweckmäßig zur Kühlung des unteren Bleches eine eiserne Unterlage. Je dünner die Bleche sind, desto kleiner und heißer muß die Flamme sein und desto mehr Schnelligkeit und Geschicklichkeit erfordert die Arbeit. Die fertige Lötstelle wird mit Schaber oder Zinnhobel nachgearbeitet.

C. Löten von Aluminium.

Noch vor einigen Jahrzehnten galt das Löten von Aluminium als unmöglich. Das ist es auch tatsächlich, wenn man die sonst zum Weichlöten benutzten Lote oder Lötmittel anwendet. Man macht dafür die unsichtbare Oxydschicht verantwortlich, mit der sich das Aluminium an der Luft sofort überzieht und vor weiterer Oxydation schützt, vielleicht mit Unrecht. Gegenwärtig ist man in der Lage, Aluminium sowohl mit gewöhnlichem Weichlot als auch sozusagen „hart" zu löten.

Weichlöten kann man Aluminium mit jedem beliebigen Weichlote, auch mit Zinn und Blei und Zink, wenn man eines der unten angegebenen Lötmittel verwendet; allerdings ist eine etwas höhere Temperatur erforderlich als sonst beim Weichlöten.

Es gibt ferner Aluminiumlote[1], die auf reinem Aluminium, wenn es blank geschabt ist, ohne Lötmittel recht gut haften. Solche Lote enthalten hauptsächlich Zinn und Zink, daneben Aluminium, Kadmium und zur Erhöhung der Festigkeit 2 bis 4 % Kupfer. Nur Blei soll vermieden werden. Sie haben einen unscharfen Schmelzpunkt, sind daher modellierbar und als „Schmierlote" geeignet, Fehlstellen in Aluminiumguß auszufüllen. Auf ihre Festigkeit darf man nicht unbedingt rechnen. Auch besitzen sie eine recht beschränkte Haltbarkeit, wenn die Lötstelle dem Einflusse von feuchter Luft oder Nässe ausgesetzt ist. Es entstehen nämlich dann infolge der Ungleichheit der Metalle galvanische Ströme, die das Aluminium anfressen und nach und nach die Lötnaht zerstören. Solche Lötstellen müssen daher nötigenfalls durch einen Anstrich gegen Feuchtigkeit geschützt werden. Ganz frei von diesem Fehler ist wohl kein Aluminiumlot.

Abb. 64. Getriebekasten, gebrochen.

Abb. 65. Getriebekasten, gelötet.

Weitaus fester und haltbarer sind die Aluminium-Hartlote, die zum größten Teil aus Aluminium bestehen und einen Schmelzpunkt haben, der nicht viel niedriger als der des reinen Aluminiums liegt. Daher muß man beim Löten sehr vorsichtig sein, um nicht das zu lötende Stück selbst anzuschmelzen.

Sorgfältig durchgebildet ist das Lot „Firinit"[2]. Es besteht aus Aluminium, Magnesium, Zink und einigen Zusätzen und hat dieselbe Farbe wie Aluminium.

---

[1] Hersteller u. a.: Classen & Co., Berlin; Griesogen G. m. b. H., Frankfurt a. M.; Schönthal & Co., Berlin; M. Speichert, Berlin.

[2] Dr. L. Rostosky, Berlin.

Gegen Angriff durch Elektrolyse scheint es recht sicher zu sein. Erforderlich ist dazu ein von der Firma geliefertes besonderes Lötmittel, welches Lithium enthält[1]. Mit Hilfe desselben fließt das Lot ausgezeichnet in Fugen, und man kann damit sowohl kleine Löcher in Blechtöpfen schließen als auch große Gußstücke ausbessern. Die Abb. 64 und 65 zeigen z. B. die Wiederinstandsetzung eines geplatzten Motorgetriebekastens durch Löten, was sich indessen nur dann lohnt, wenn ein Ersatzgußstück nicht schnell genug zu beschaffen ist. — Besonders wird solches Lot zum Zusammenfügen kleinerer Gegenstände (Ösen an Knöpfe, aus mehreren Teilen bestehende Abzeichen u. dgl.) verwendet.

Lote ähnlicher Eigenschaften sind im Handel unter dem Namen „Autogal"[2] nebst dem zugehörigen Lötmittel „Autogal C" in Pulver- oder Pastenform. Die verschiedenen Lotarten sind teils dem Verwendungszweck, teils den verschiedenen gebräuchlichen Aluminiumlegierungen angepaßt.

Bezüglich der im einzelnen anzuwendenden Maßregeln muß auf die ausführlichen Druckschriften der Herstellerfirmen verwiesen werden.

D. Hartlöten.

1. Allgemeines. Fast alle Metalle, deren Schmelzpunkt hoch genug liegt, lassen sich hart löten. Gußeisen macht Schwierigkeiten, die angeblich durch die Verwendung des „Fontimon"-Pulvers[3] zu überwinden sind. Bei Wolfram gelingt Hartlötung mit Silberlot nicht; es fließt zwar in der Hitze gut an, platzt aber in der Kälte wieder ab. Hingegen kann man Wolframkontakte an Kupfer oder Eisen mit Messing löten. Auch gibt es dafür besondere Lote und Lötmittel[4].

Die Reinigung der Lötstelle ist nicht so heikel wie beim Weichlöten, da die Lötmittel in der großen Hitze ziemliche Mengen von Oxyd zu verschlacken imstande sind. Lacke und Farben entferne man gewissenhaft.

Teile, die nicht durch Zusammenstecken od. dgl. aneinanderhalten, legt man entweder so auf eine Unterlage, daß sie sich berühren, oder bindet sie mit Eisendraht, dessen Festlöten man durch Zwischenlegen eines Stückchens Asbestpapier verhindern kann. Sonst muß man umgreifende Zwingen od. dgl. anwenden.

Das Lot wird entweder als mehr oder weniger feines Pulver mit dem Lötmittel (Borax oder anderes Lötpulver) und etwas Wasser zu einer Paste angerührt und auf die Lötstelle gestrichen, oder es wird in Form von Drähten, Schnitzeln oder Körnern auf die Lötstelle gelegt und mit dem Lötpulver bestreut.

In vielen Fällen, z. B. beim Löten von Messing oder Gold, schmilzt das Lot nicht weit unter dem zu lötenden Metalle. Manchmal muß man auch einen bereits gelöteten Gegenstand ein zweites Mal mit einem etwas leichtflüssigeren Lot löten, ohne daß die erste Lötung aufgehen darf. In solchen Fällen hat man sich natürlich vor Überhitzung zu hüten. — Aus zinkhaltigem Schlaglote verbrennt bei langer starker Hitze leicht etwas Zink (an der blauen Flamme erkenntlich), wodurch es strengflüssiger wird. Wenn nicht große Hitzefestigkeit verlangt wird, sind für kleine Arbeiten, wo der Preis keine Rolle spielt, Silberlote in jeder Beziehung weitaus angenehmer. Niemals soll man die Flamme auf das Lot selbst richten, besonders wenn es zinkhaltig ist. Es soll nie heißer werden als der zu lötende Körper, sondern die Hitze von letzterem aus erhalten; nur dann fließt es zuverlässig in die Fugen.

---

[1] Vgl. auch R. Thews: Anwendung von Flußmitteln beim Weichlöten von Eisen- und Nichteisenmetallen. Werkstattstechnik Bd. 32 (1938), Heft 13, S. 309.
[2] Griesogen G. m. b. H., Frankfurt a. M.
[3] Hersteller: Postlerit-Werke, AG., Dresden.
[4] Deutsche Gold- und Silberscheideanstalt, Frankfurt a. M.

Besonders hohe Widerstandsfähigkeit der Lötung gegen Abreißen, Abbiegen, Abschieben ergibt sich, wenn sich das Lot mit den zu lötenden Metallen legiert und wenn die zu lötenden Flächen so sauber aufeinander gearbeitet sind, daß sich nur eine ganz dünne Lötfuge bildet. Dann kann die Festigkeit der Lötfuge größer werden als die des Lotes.

Abb. 66 zeigt die mikrophotographische Aufnahme[1] einer Hartlötstelle in 100facher Vergrößerung. Es wurde Schnellstahl mit Kupfer auf gewöhnlichen

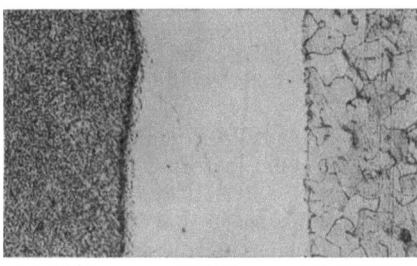

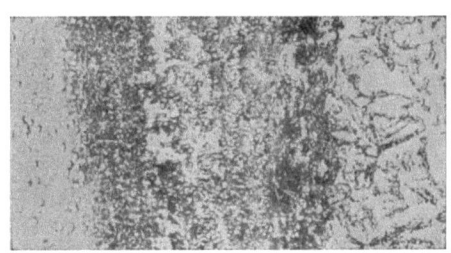

Schnellstahl   Kupferlot   Kohlenstoffstahl
Abb. 66. Hartlötstelle, 100fach vergrößert.

Schnellstahl   Kupfer-Eisen-Legierung   Kohlenstoffstahl
Abb. 67. Hartlötstelle, 250fach vergrößert.

Flußstahl gelötet (wie es für Schneidstähle öfters geschieht). Da das Kupfer an beiden Stählen vollkommen anliegt, muß die Lötung als gut bezeichnet werden. Auf der Seite des Schnellstahles sieht man hinter der schwarzen Schattenlinie nach dem Kupfer zu eine schmale Übergangszone, die eine Legierungsbildung zwischen Kupfer und Stahl anzudeuten scheint. Daß unter günstigen Umständen die ganze Kupferschicht sich mit Eisen legieren kann, zeigt das Gefügebild Abb. 67[2]. Man erkennt in der mittleren Schicht zwei Arten von Mischkristallen, eine dunkle eisenreiche und eine helle, die vorwiegend Kupfer enthält. Solche Legierung stellt ein besseres Bindemittel zwischen den zu verbindenden Teilen dar als das reine Kupfer und ist diesem vor allem in der Festigkeit weit überlegen.

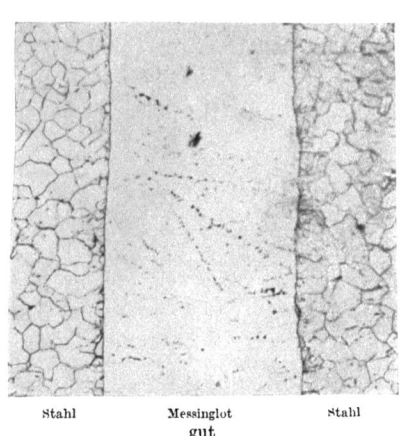

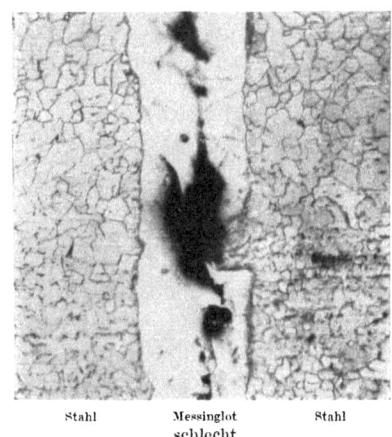

Stahl   Messinglot   Stahl   Stahl   Messinglot   Stahl
         gut   schlecht
Abb. 68 und 69. Hartlötungen in 100facher Vergrößerung.

Die mikrophotographischen Aufnahmen[3] einer guten und einer schlechten Lötstelle in 100facher Vergrößerung zeigen die Abb. 68 u. 69. Es wurde Flußstahl-

---
[1] Hergestellt im metallographischen Laboratorium der A. Borsig G. m. b. H.
[2] Hergestellt von Prof. Dr. Wüst.
[3] Hergestellt im metallographischen Laboratorium des Kabelwerkes der AEG.

blech mit einem Hartlote aus 58% Kupfer und 42% Zink mit Borax als Lötmittel gelötet. Der Querschnitt wurde poliert und mit verdünnter alkoholischer Salpetersäure angeätzt, so daß das kristallinische Gefüge des Stahles sichtbar ist. Die schlechte Lötstelle war überhitzt worden. Die schwarzen Stellen sind Hohlräume und rühren vermutlich vom Wasserdampf her, den kleine Reste von Borax abgegeben haben.

2. **Löten im Schmiedefeuer.** Der Schmied lötet Eisen mit Kupfer, allenfalls unter Zusatz von etwas Messing, und benutzt als Lötmittel aufgestreuten Sand, Glasgalle oder auch Borax. Kupfer wird mit Messing, Messing mit Schlaglot und Borax gelötet. Empfindliche Stücke werden zusammengefügt, die Lötstelle wird mit Lot und Borax versehen und dann das Ganze mit Lehm umhüllt, den man zunächst trocknen läßt.

3. **Löten mit der Flamme.** Für kleinere Gegenstände kommt man mit einem kleinen Gebläse, Bunsenbrenner, Flachbrenner oder Lötrohre aus. Beim Löten mit dem Rohr benutzt man gerne als Unterlage ein Brikett aus Holzkohle, das hauptsächlich als Wärmeisolator wirkt. Man kann auch in das Brikett Vertiefungen machen, in die man den Gegenstand in gewünschter Lage einbettet. Gesteigert wird die Hitze durch eine etwas schräg darüber gehaltene Asbestplatte. Für die anderen Flammen kann man ebensogut eine Asbestplatte als Unterlage nehmen, die auf einen eisernen Dreifuß od. dgl. gelegt wird; auch hier gewinnt man viel durch eine zweite schräg darüber gehaltene oder befestigte Asbestplatte. — Damit das Lötpulver auf dem Gegenstand haftet und durch die Flamme nicht weggeblasen wird, macht man es mit Wasser, gegebenenfalls unter Mischung mit dem pulverisierten Lote, an, trägt es auf und trocknet es erst in schwacher Flamme. Oder man erwärmt den Gegenstand bis zum Glühen und streut dann, die Flamme beiseitehaltend, das Pulver auf, das sofort anklebt. — Der Verteilung des flüssigen Lotes kann man durch Rühren mit einem Eisendrahte, der dann fast wie ein Lötkolben wirkt, nachhelfen.

Beim Löten von Messinggegenständen kann es Ungeübten sehr leicht geschehen, daß der Gegenstand anschmilzt, bevor das Lot schmilzt. In solchen Fällen empfiehlt es sich, statt der gewöhnlichen Hartlote die (freilich etwas teureren) silberhaltigen Lote zu verwenden, deren Schmelzpunkt tiefer liegt.

Abb. 70. Bandsäge-Lötvorrichtung. (G. Barthel, Dresden.)

Größere Gegenstände erfordern starke Gebläsebrenner, Benzinlampen oder dergleichen. Reicht die Flamme knapp aus, oder will man an Wärme und Zeit sparen, so muß man ebenfalls einen Umbau aus Asbestplatten, in größerem Maßstabe aus Schamottesteinen, einrichten. Es ist sparsamer und besser, eine reichlich starke heiße Flamme anzuwenden, die rasch die nötige Hitze liefert, als eine knapp genügende.

Bandsägen werden in folgender Weise gelötet: Man schleift oder feilt (nach Ausglühen) die Enden wie bei einem Treibriemen keilförmig zu und spannt sie in eine Vorrichtung, die ihre gegenseitige Lage sichert. Nach dem Aufbringen von Lot und Borax lötet man entweder mit einer Flamme oder indem man die Lötstelle mit einer glühend gemachten Flachzange anfaßt. Eine solche einfache Spannvorrichtung, bei der die Lötstelle von Holzkohlestücken umgeben ist, zeigt Abb. 70.

Schnellstahlplättchen (für Drehstähle u. dgl.) werden auf Schäfte aus Maschinenstahl mit Kupfer gelötet. Für die Herstellung solcher Werkzeuge in größeren Mengen benützt man besser Härteöfen mit Gas- oder Ölfeuerung. Die Löttemperatur soll 1100 bis 1200° betragen; mit dieser Hitze wird sofort gehärtet.

Hartmetallplättchen (Böhlerit, Titanit, Widia u. dgl(. werden in gleicher Weise gelötet, machen aber wegen Blasenbildung usw. Schwierigkeiten. Neuerdings wird dafür eine Lötfolie „Axiom"[1] empfohlen, die aus einem dünnen, mit dem Lötkupfer durchsetzten Eisengewebe besteht, das nach dem Löten als ausgleichende Zwischenlage verbleibt. Die Anwendungsart ist aus Abb. 71 ersichtlich.

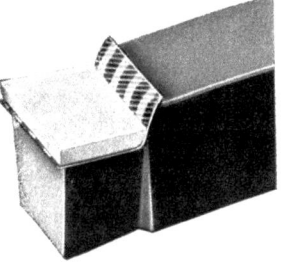

Abb. 71. Auflöten von Hartmetallplättchen. (Fr. Kammerer AG., Pforzheim.)

4. Löten im Wanderofen. Für das Hartlöten großer Mengen von Werkstücken besonders zweckmäßig ist ein Lötofen[2] mit elektrischer Heizung (Abb. 72), bei dem die Werkstücke durch ein Förderband in den eigentlichen Lötraum geführt werden, der mit einem Schutzgase gefüllt ist. Dieses wird durch teilweise Verbrennung von Leuchtgas hergestellt und verhindert nicht nur die Oxydation, sondern macht zugleich durch seinen Wasserstoffgehalt ein Lötmittel entbehrlich. Die Lötung erfolgt bei einer Temperatur von etwa 1130° mit Kupfer, das vorher in Form von Draht oder Blech an den Lötstellen angebracht wird und sich in die feinsten Fugen verteilt. Auch der Kühlkanal, den die Stücke nach dem Löten durchwandern, ist mit dem Schutzgase gefüllt. — In

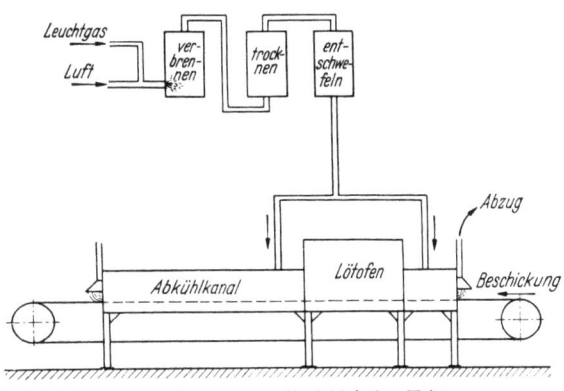

Abb. 72. Wanderofen mit elektrischer Heizung.

vielen Fällen ist es möglich, die Herstellung von Werkstücken dadurch zu vereinfachen und sowohl an Material als Arbeitslohn zu sparen, daß man sie aus zwei oder mehr Teilen durch Hartlöten zusammensetzt. An einem besonders

---

[1] Hersteller: Fr. Kammerer AG., Pforzheim.
[2] Hersteller: AEG. Berlin. — Ausführliche Angaben, auch über die Untersuchung der Lötstellen, siehe: E. KUHLMANN: Hartlöten mit Schutzgas im Durchlaufofen. Maschinenbau, Bd. 16 (1937), Heft 17/18, S. 457. Die Abbildungen entstammen einem Aufsatze von W. MEZGER: Kostensenkung und Stoffersparnis durch Hartlöten im Schutzgas-Wanderofen. Maschinenbau Bd. 18 (1939) Heft 19/20, S. 483.

auffallenden Beispiel zeigt Abb. 73, wieviel an Stoff und Kosten gespart wird, wenn man den dargestellten Befestigungsflansch nicht aus dem Vollen dreht, sondern ihn aus zwei Teilen zusammenlötet. — Vorteilhaft lassen sich auch

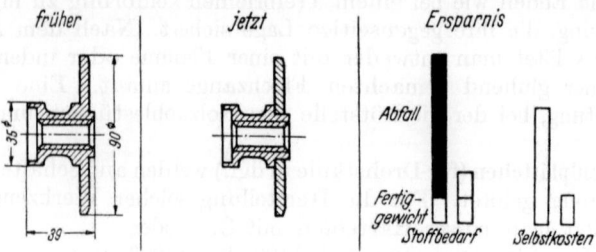

Abb. 73. Zweierlei Herstellung eines Befestigungsflansches.

Stücke aus dünnem Eisenblech (Rohre, Schwimmer u. dgl.) in einem solchen Ofen löten, da die Gefahr des Verbrennens wie beim Löten mit der Flamme nicht besteht.

Für Fahrradteile und ähnliche größere Gegenstände sind bei Massenherstellung die mit Öl und Preßluft geheizten Schlitzlötöfen[1] geeignet.

5. Löten durch Tauchen. Mittels Tauchlötöfen[1] für Fahrradrahmen (nicht Gabeln und Lenkstangen) kann man z.B. 120 Tretkurbellager in der Stunde löten. Abb. 74 zeigt einen solchen Ofen im Betriebe. Er wird durch einen Gebläsebrenner

Abb. 74. Tauchlötofen.

geheizt, der mit Gas oder Öl und Preßluft (von 1,5 at) gespeist wird. Das geschmolzene Lot (Messingabfall) befindet sich in einer Graphitwanne und wird mit einer etwa 5 mm hohen Schicht von Borsäure bedeckt. Auf die Lötstelle brauchen daher weder Lot noch Lötmittel vorher aufgebracht zu werden.

---

[1] J. Aichelin, Stuttgart.

Hartlöten.

6. Elektrisches Hartlöten. Unmittelbare Erhitzung durch den elektrischen Strom wird beim Hartlöten seltener angewandt. Erwähnt sei die Vorrichtung für Bandsägen (Abb. 75). Die wie oben beschrieben vorbereiteten Enden der Säge werden zwischen zwei Backenpaare geklemmt, die die Lötstelle frei-

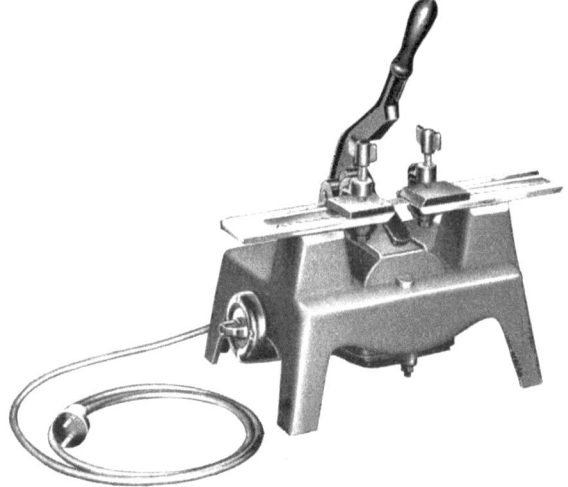

Abb. 75. Elektrisches Löten von Bandsägen. (G. Barthel, Dresden.)

lassen. Durch die Backen wird dem dazwischenliegenden Stück der Säge ein starker elektrischer Strom niedriger Spannung zugeführt. Denselben liefert der in den Sockel eingebaute Transformator, der an die Lichtleitung angeschlossen werden kann und nur wenig Strom verbraucht. Ein Schalter mit mehreren Stufen gestattet die Regelung der Hitze. Sowie das Lot geschmolzen ist, drückt

Abb. 76.
Abb. 76. Hartlötvorrichtung für Brillenfassungen. (Nitsche & Günther, K.-G., Rathenow.)

man mit einem Hebel eine Platte auf die Lötstelle, die sie zusammenpreßt und zugleich so rasch kühlt, daß die Säge wieder hart wird. Auch Maschinenteile geeigneter Form werden zum Hartlöten durch Glühelektroden aus Kohle oder Graphit erhitzt[1].

---

[1] Vgl. Maschinenbau Bd. 17 (1938), Heft 23/24, S. 632: Silberlötung mit Kohleelektroden.

48 Das Löten.

Elektrisch lötet man gelegentlich auch Plättchen aus Schneidmetall für Dreh- und Hobelstähle auf (s. S. 45), und zwar mit der elektrischen Stumpfschweißmaschine, falls das Schneidmetall die Schweißhitze nicht verträgt.

Die elektrische Hartlötvorrichtung (Abb. 76) ist zum Löten von Brillenfassungen bestimmt, eignet sich aber auch zum Stumpflöten von Fingerringen, Drähten u. dgl. Besondere Zangen (z. B. Abb. 77) dienen zum Halten der Teile.

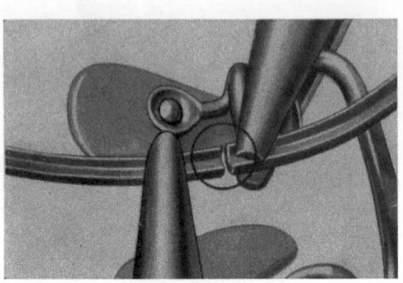

Abb. 77.

7. Verlöten von Schmuckwaren und ähnlichen Massenteilen. Um die Herstellungskosten zu senken, werden z. B. Ringe und ähnlich geformte Gegenstände aus Hohldrähten hergestellt, die mit Lot gefüllt sind. Die Drahtenden werden zugeschnitten, gebogen, in einem geeigneten Flußmittel ausgekocht und dann gelötet. Letzteres geschieht, indem je nach Größe der Stücke eine gewisse Anzahl auf eine feuerfeste Platte gelegt, in den Lötofen gebracht und schnell wieder herausgeholt wird[1].

---

[1] Näheres, auch über die hier in Frage kommenden Flußmittel und Lote nebst Beispielen, siehe Maschinenbau Bd. 13 (1934), Heft 9/10, S. 241: J. WENZ, Pforzheim: Verlöten von Massenartikeln.

Einteilung der bisher erschienenen Hefte nach Fachgebieten (Fortsetzung)

III. Spanlose Formung
Heft
Freiformschmiede I (Grundlagen, Werkstoff der Schmiede, Technologie des Schmiedens). 2. Aufl. Von F. W. Duesing und A. Stodt 11
Freiformschmiede II (Schmiedebeispiele). 2. Aufl. Von B. Preuss und A. Stodt . . 12
Freiformschmiede III (Einrichtung und Werkzeuge der Schmiede). 2. Aufl. Von A. Stodt 56
Gesenkschmiede I (Gestaltung und Verwendung der Werkzeuge). 2. Aufl.
Von H. Kaessberg 31
Gesenkschmiede II (Herstellung und Behandlung der Werkzeuge).
Von H. Kaessberg 58
Das Pressen der Metalle (Nichteisenmetalle). Von A. Peter 41
Die Herstellung roher Schrauben I (Anstauchen der Köpfe). Von J. Berger 39
Stanztechnik I (Schnittechnik). Von E. Krabbe 44
Stanztechnik II (Die Bauteile des Schnittes). Von E. Krabbe 57
Stanztechnik III (Grundsätze für den Aufbau von Schnittwerkzeugen). Von E. Krabbe 59
Stanztechnik IV (Formstanzen). Von W. Sellin 60
Die Ziehtechnik in der Blechbearbeitung. 2. Aufl. Von W. Sellin 25

IV. Schweißen, Löten, Gießerei
Die neueren Schweißverfahren. 3. Aufl. Von P. Schimpke 13
Das Lichtbogenschweißen. 2. Aufl. Von E. Klosse 43
Praktische Regeln für den Elektroschweißer. Von Rud. Hesse 74
Widerstandsschweißen. Von Wolfgang Fahrenbach 73
Das Löten. 2. Aufl. Von W. Burstyn 28
Das ABC für den Modellbau. Von E. Kadlec 72
Modelltischlerei I (Allgemeines, einfachere Modelle). 2. Aufl. Von R. Löwer 14
Modelltischlerei II (Beispiele von Modellen und Schablonen zum Formen). 2. Aufl.
Von R. Löwer 17
Modell- und Modellplattenherstellung für die Maschinenformerei.
Von Fr. und Fe. Brobeck 37
Kupolofenbetrieb. 2. Aufl. Von C. Irresberger. (Vergriffen) 10
Handformerei. Von F. Naumann 70
Maschinenformerei. Von U. Lohse 66
Formsandaufbereitung und Gußputzerei. Von U. Lohse 68

V. Antriebe, Getriebe, Vorrichtungen
Der Elektromotor für die Werkzeugmaschine. Von O. Weidling 54
Die Getriebe der Werkzeugmaschinen I (Aufbau der Getriebe für Drehbewegungen).
Von H. Rögnitz 55
Die Zahnformen der Zahnräder. Von H. Trier 47
Einbau und Wartung der Wälzlager. Von W. Jürgensmeyer 29
Teilkopfarbeiten. 2. Aufl. Von W. Pockrandt 6
Spannen im Maschinenbau. Von Fr. Klautke 51
Der Vorrichtungsbau I (Einteilung, Einzelheiten und konstruktive Grundsätze). 3. Aufl.
Von F. Grünhagen 33
Der Vorrichtungsbau II (Typische Einzelvorrichtungen, Bearbeitungsbeispiele mit
Reihen planmäßig konstruierter Vorrichtungen). 2. Aufl. Von F. Grünhagen . . 35
Der Vorrichtungsbau III (Wirtschaftliche Herstellung und Ausnutzung der Vorrichtungen). Von F. Grünhagen 42

VI. Prüfen, Messen, Anreißen, Rechnen
Werkstoffprüfung (Metalle). 2. Aufl. Von P. Riebensahm 34
Metallographie. Von O. Mies 64
Technische Winkelmessungen. 2. Aufl. Von G. Berndt 18
Messen und Prüfen von Gewinden. Von K. Kress 65
Das Anreißen in Maschinenbau-Werkstätten. 2. Aufl. Von F. Klautke 3
Das Vorzeichnen im Kessel- und Apparatebau. Von A. Dorl 38
Technisches Rechnen I. 2. Aufl. Von V. Happach 52
Der Dreher als Rechner. 2. Aufl. Von E. Busch 63
Prüfen und Instandhalten von Werkzeugen und anderen Betriebsmitteln.
Von P. Heinze 67

MIX
Papier aus verantwortungsvollen Quellen
Paper from responsible sources
FSC® C105338

If you have any concerns about our products,
you can contact us on
ProductSafety@springernature.com

In case Publisher is established outside the EU,
the EU authorized representative is:
**Springer Nature Customer Service Center GmbH
Europaplatz 3, 69115 Heidelberg, Germany**

Printed by Libri Plureos GmbH
in Hamburg, Germany